U0640031

设施蔬菜高效栽培
及智慧农业技术

杜雷超　陈　亮◎著

吉林科学技术出版社

图书在版编目（CIP）数据

设施蔬菜高效栽培及智慧农业技术 / 杜雷超，陈亮
著 . -- 长春：吉林科学技术出版社，2024.5. --ISBN
978-7-5744-1594-2

I. S626-39

中国国家版本馆 CIP 数据核字第 20245UY954 号

设施蔬菜高效培及智慧农业技术

主　　编	杜雷超　陈　亮	
出 版 人	宛　霞	
责任编辑	蒋雪梅	
封面设计	易出版	
制　　版	易出版	
幅面尺寸	170mm×240mm	
开　　本	16	
字　　数	210 千字	
印　　张	12.75	
印　　数	1~1500 册	
版　　次	2024 年 5 月第 1 版	
印　　次	2024 年12月第 1 次印刷	

出　　版	吉林科学技术出版社
发　　行	吉林科学技术出版社
地　　址	长春市福祉大路5788 号出版大厦A 座
邮　　编	130118
发行部电话/传真	0431-81629529　81629530　81629531
	81629532　81629533　81629534
储运部电话	0431-86059116
编辑部电话	0431-81629510
印　　刷	廊坊市印艺阁数字科技有限公司

书　　号	ISBN 978-7-5744-1594-2
定　　价	75.00 元

随着全球人口的增长和城市化进程的加速，蔬菜作为人类日常饮食的重要组成部分，其需求量持续增加。然而，传统露地蔬菜栽培受季节、气候和土地资源等因素的限制，难以满足市场对蔬菜周年均衡供应的需求。设施蔬菜栽培作为一种现代农业生产方式，通过人工调控环境条件，实现了蔬菜的高效、优质、周年生产，有效缓解了这一矛盾。

近年来，随着科技的进步，智慧农业技术逐渐应用于设施蔬菜栽培中，进一步提升了蔬菜生产的智能化、精准化水平。智慧农业技术通过集成应用物联网、大数据、云计算、人工智能等现代信息技术，实现了对设施内环境、作物生长和病虫害等的实时监测和智能管理，显著提高了蔬菜生产的效率、品质和可持续性。

本书系统介绍了设施蔬菜栽培的基本概念、历史与发展，以及设施环境控制技术、土壤与肥料管理、病虫害防控等关键技术。同时，本书还详细阐述了智慧农业技术在设施蔬菜栽培中的应用，包括数据收集与传感器技术、智能决策支持系统、自动化与机器人技术等，以期为读者提供一套完整的设施蔬菜高效栽培及智慧农业技术知识体系。

本书在编写过程中，注重理论与实践的结合，既介绍了最新的科研成果和技术进展，也提供了丰富的实践案例和操作指南，以便读者能够更好地理解和掌握所学知识，并将其应用于实际生产中。

我们相信，本书的出版将为设施蔬菜栽培领域的科研人员、技术人员和生产者提供一本有价值的参考书，也将为推动智慧农业技术的发展和应用贡献一份力量。同时，我们也期待本书能够激发更多读者对设施蔬菜栽培和智慧农业技术的兴趣和热情，共同推动现代农业的发展与进步。

本书由甘肃省农业工程技术研究院杜雷超和陈亮编写。具体编写分工如下，杜雷超编写了前言、第六章至第十二章（约计 12.5 万字）；陈亮编写了第一章至第五章（约计 8.5 万字）。全书由杜雷超负责统稿。

由于编者水平有限，书中疏漏与不足之处难免，敬请广大读者批评指正！

目 录

第一章　绪论

第一节　设施蔬菜栽培的概念与特点

一、设施蔬菜栽培的定义

（一）设施蔬菜栽培的广义与狭义解释

1. 广义解释

设施蔬菜栽培指的是运用各种人工技术手段，创建或优化蔬菜生长所需的环境条件。这种栽培方式不仅包括使用温室、大棚等物理结构来调节蔬菜的生长环境，还涉及应用灌溉系统、肥料管理、光照控制、温度调控等多种方法，以实现对蔬菜生长周期和产量的精准控制。其目的是通过人工环境的构建和管理，使蔬菜生产不受自然气候和季节的限制，提高蔬菜生产的效率和质量，确保蔬菜供应的稳定性。

2. 狭义解释

在更具体的意义上，设施蔬菜栽培是指在特定的封闭或半封闭设施内进行的蔬菜种植活动。这些设施通常指的是温室和大棚，它们能够为蔬菜生长提供一个与外界环境相对隔绝的空间，从而保护蔬菜免受不利天气（如极端温度、强风、暴雨等）的影响。在这些设施内，生产者可以更精确地控制温度、湿度、光照和二氧化碳浓度等蔬菜关键生长因素，以满足不同蔬菜品种的具体需求，从而实现高效、优质的蔬菜生产。

无论是从广义还是狭义的角度来看，设施蔬菜栽培都强调了通过人为措施创造适宜的生长环境，以提高蔬菜的生产效率和品质，同时减少对自然条件的依赖。

（二）设施蔬菜栽培与传统蔬菜栽培的对比

（1）环境控制：设施蔬菜栽培通过人工手段创造稳定、适宜的生长环境，而传统蔬菜栽培则完全依赖自然环境条件。

（2）种植周期：设施蔬菜栽培能够实现对种植周期的调控，使蔬菜在不利季节也能正常生长；而传统蔬菜栽培的种植周期受自然因素影响较大。

（3）产量与品质：设施蔬菜栽培通过优化生长环境，可以提高蔬菜的产量和品质；而传统蔬菜栽培的产量和品质受自然因素影响较大，波动较大。

（4）抵御自然灾害能力：设施蔬菜栽培能够有效抵御自然灾害（如霜冻、暴雨等）对蔬菜生长的影响；而传统蔬菜栽培在自然灾害面前往往损失惨重。

二、设施蔬菜栽培的特点

（一）环境可控性强

设施蔬菜栽培的环境可控性强体现在其能够全面控制蔬菜生长所需的各种环境因素。

1. 温室与大棚

通过温室和大棚等封闭或半封闭结构，设施蔬菜栽培能够有效地隔离外界不利环境，如严寒、酷暑、强风、暴雨等。这种隔离保证了蔬菜生长环境的稳定性。

2. 灌溉系统

先进的灌溉系统能够根据蔬菜生长的需要，精确地调节水分供应。无论是滴灌、喷灌还是微喷灌，都能确保蔬菜得到适量的水分，避免因水分过多或过少而影响生长。

3. 施肥系统

设施蔬菜栽培中的施肥系统可以根据蔬菜的生长阶段和营养需求，进行精确施肥。水肥一体化技术使得肥料能够均匀、快速地被蔬菜吸收，提高肥料的利用率。

4. 光照调节

通过自然光照和人工补光相结合的方式，设施蔬菜栽培能够确保蔬菜得到充足的光照。在光照不足的季节，可以使用补光灯来提供额外的光照，以满足蔬菜生长的需要。

5. 温度控制

设施蔬菜栽培中的温度控制系统可以根据蔬菜生长的最适温度范围，自动调节温室或大棚内的温度。在冬季，可以通过加热设备提高温度；在夏季，可以通过通风、遮阳等方式降低温度。

这种全面的环境控制能力使得设施蔬菜栽培能够在不利季节或地区进行生产，提高蔬菜的产量和品质，同时降低因自然灾害造成的损失。

（二）种植周期延长

设施蔬菜栽培通过调节生长环境，可以显著延长蔬菜的种植周期。

1. 反季节栽培

在冬季或早春季节，通过温室等设施提供温暖的环境，可以使蔬菜继续生长，实现反季节栽培。这样不仅能够满足市场对蔬菜的全年需求，还能提高蔬菜的市场竞争力。

2. 高温季节生产

在夏季高温季节，通过遮阳网等设施降低温度，使蔬菜免受高温危害。同时，结合灌溉和施肥系统的调节，可以确保蔬菜在高温下仍能正常生长。

3. 生长周期调控

通过精确控制光照、温度等环境因素，设施蔬菜栽培还可以调控蔬菜的生长周期。例如，通过延长光照时间和提高温度，可以加速蔬菜的生长；反之，则可以延缓蔬菜的生长。

这种种植周期延长的特点使得设施蔬菜栽培能够更好地适应市场需求，提高蔬菜的产量和品质，同时降低生产成本。

（三）产量高且品质稳定

设施蔬菜栽培在提高蔬菜产量和品质方面具有显著优势。首先，通过控制设施内的生长环境，如温度、光照、湿度和二氧化碳浓度等，可以为蔬菜创造出一个稳定且适宜的生长条件。这种优化的生长环境有助于蔬菜植株的健壮生长，减少因环境变化而导致的生长波动，进而使得蔬菜的产量更为稳定且高产。

其次，设施蔬菜栽培中的灌溉和施肥系统能够精确控制水分和养分的供应，确保蔬菜在生长过程中得到充足且适量的营养支持。这种精确管理能够避免蔬菜养分过剩或不足导致的生长问题，从而进一步提高蔬菜的品质。设施内稳定的生长环境还有助于提升蔬菜的口感、色泽和营养价值，使得产品更具市场竞争力。

（四）抵御自然灾害能力强

设施蔬菜栽培能够有效抵御自然灾害对蔬菜生产的影响。温室、大棚等设施能够为蔬菜提供一层保护屏障，防止霜冻、暴雨、强风等自然灾害对蔬菜的直接侵害。在极端天气条件下，这些设施能够减少蔬菜的产量损失，确保蔬菜的稳定供应。

此外，设施蔬菜栽培中的灌溉和排水系统也能够有效应对洪涝灾害对蔬菜生产的影响。通过科学的灌溉管理，可以确保蔬菜在生长过程中得到适量的水分供应，避免因水分过多而导致的涝害；同时，排水系统能够及时排出多余的雨水，避免设施内积水对蔬菜生长造成的不利影响。

这种抵御自然灾害能力强的特点使得设施蔬菜栽培在自然灾害频发的地区具有更大的优势，能够确保蔬菜生产的稳定性和可持续性。

（五）可持续性与环保性

设施蔬菜栽培具有显著的可持续性和环保性特点。首先，通过科学的管理和调控措施，设施蔬菜栽培能够实现资源的高效利用和循环利用。例如，利用灌溉系统回收的废水进行再利用，减少水资源的浪费；通过堆肥等方式将农业废弃物转化为有机肥料，实现废弃物的资源化利用。

其次，设施蔬菜栽培的环境调控能够减少对环境的负面影响。通过精确控制温度、光照等生长环境因子，可以减少对外部环境的依赖和能源消耗；同时，设施内的环境调控还能够降低农药和化肥的使用量，减少农业面源污染。

最后，设施蔬菜栽培还能够实现农业废弃物的无害化处理和资源化利用。通过生物降解、堆肥等方式将农业废弃物转化为有机肥料和生物能源，降低对环境的污染和破坏。这种环保性特点使得设施蔬菜栽培在现代农业发展中具有重要的地位和作用。

第二节　设施蔬菜栽培的历史与发展

一、早期设施蔬菜栽培的起源

（一）古代温室设施的雏形

设施蔬菜栽培的历史源远流长，它的起源可追溯到遥远的古代文明。当时，由于季节性的气候变化，特别是在寒冷的冬季，蔬菜的生长受到了极大的限制。为了能在这些不利的季节中种植蔬菜，人们开始尝试使用各种简易的遮盖物和地下温室来模拟更适宜植物生长的环境。

在古罗马时代，人们利用透明石头或玻璃作为温室的主要材料，搭建起了小型温室来种植蔬菜。这些温室通过收集太阳光来提供植物生长所需的光照，同时保持内部的温度相对稳定，使得蔬菜能够在冬季继续生长。而在古代中国，人们则利用土炕、温室坑等方法来保持地温，为蔬菜提供温暖的生长环境。尽管这些设施相对简陋，但它们无疑是人类尝试通过人工干预来改变作物生长自然环境的早期实践。

（二）早期设施蔬菜栽培的实践与经验

随着时间的推移，人们对植物生长条件的认识逐渐加深，设施蔬菜栽培的实践也日益丰富。在中世纪欧洲，贵族庄园开始利用温室进行蔬菜和水果的栽培。这些温室不再是简单的遮盖物，而是采用了更为复杂的结构和材料，如木材、玻璃和布料等。这些温室为植物提供了更加稳定的光照、温度和湿度条件，使得蔬菜能够在更加可控的环境中生长。

同时，这些早期的温室实践也积累了大量关于光照、温度、水分管理等方面的经验。人们逐渐认识到，光照强度、光照时间、温度高低、温度变化幅度以及水分的供应等因素都会对蔬菜的生长产生重要影响。这些经验为后来设施蔬菜栽培技术的发展奠定了坚实的基础。

在亚洲，特别是日本和中国，人们也开始利用竹木结构搭建的大棚来种植蔬菜。这些大棚虽然不如欧洲的温室结构复杂，但它们同样为蔬菜提供了相对稳定的生长环境。同时，这些大棚的搭建也体现了早期设施农业的地域特色和智慧。人们利用当地的材料和资源，创造出了适合当地气候和土壤条件的设施农业模式。这些模式不仅提高了蔬菜的产量和品质，也丰富了人们的餐桌文化。

二、现代设施蔬菜栽培的发展

（一）技术进步推动的设施蔬菜栽培变革

进入 21 世纪后，设施蔬菜栽培迎来了前所未有的发展机遇。材料科学、信息技术、生物技术和环境控制技术的飞速进步，为设施蔬菜栽培带来了根本性的变革。

塑料薄膜的发明和广泛应用，极大地降低了设施蔬菜栽培的建造成本，使得大棚和温室等农业设施变得更为普及。这种材料的轻便、耐用、透光性好等特点，为蔬菜提供了良好的生长环境。

自动化控制系统的引入，使得设施蔬菜栽培更加高效和精准。通过传感器和控制系统，可以实时监测和调整设施内的温度、湿度、光照等环境因素，为蔬菜提供最佳的生长条件。

滴灌和喷灌技术的应用，不仅提高了水资源的利用效率，还减少了水资源的浪费。无土栽培和水培系统则进一步减少了土壤病害的传播，提高了蔬菜的产量和品质。

遗传育种技术的进步也为设施蔬菜栽培提供了更多适应性强、品质优良的品种。通过基因编辑和杂交育种等手段，培育出适合设施栽培的蔬菜品种，进一步提高了设施蔬菜栽培的经济效益。

（二）国内外设施蔬菜栽培的发展概况

在全球范围内，设施蔬菜栽培已成为现代农业的重要组成部分。发达国家在设施农业技术上处于领先地位，例如荷兰和以色列等国家的设施农业技术世界闻名，实现了高度自动化和智能化。这些国家通过引进先进的设施农业技术和设备，结合本国的气候条件和市场需求，形成了具有本国特色的设施蔬菜栽培模式。

在中国，自20世纪80年代以来，设施蔬菜栽培得到了迅速发展。各级政府出台了一系列政策措施，鼓励和支持设施蔬菜栽培的发展。随着设施农业技术的不断推广和应用，中国已经形成了规模化、专业化、区域化的设施蔬菜生产格局。这不仅保障了蔬菜的周年供应，也增加了农民的收入，促进了农业经济的发展。

同时，发展中国家也在积极引进和自主研发设施农业技术，提升本国的蔬菜生产能力。这些国家通过借鉴发达国家的经验和技术，结合本国的实际情况，逐步形成了适合本国国情的设施蔬菜栽培模式。

（三）设施蔬菜栽培模式的创新与多样化

随着市场需求的多元化和环境保护意识的增强，设施蔬菜栽培模式不断创新和多样化。这些新的栽培模式不仅提高了设施蔬菜的产量和品质，也促进了农业的可持续发展。

垂直农场和城市农业的兴起，是设施蔬菜栽培模式创新的重要方向之一。这些模式利用有限的空间高效生产蔬菜，满足了城市居民对新鲜蔬菜的需求。同时，它们也减少了对土地资源的占用和长途运输的能源消耗，有利于环境保护。

智能温室是设施蔬菜栽培模式创新的另一个重要方向。通过物联网、大数据分析等先进技术的应用，智能温室可以实现精准管理和远程控制。这不仅可以提高蔬菜的产量和品质，还可以降低生产成本和劳动强度。

生态农业模式则强调循环利用资源和减少化学投入品的使用。在设施蔬菜栽培中，通过有机肥料的利用和生物防治等手段，可以减少化肥和农药的使用量，保护生态环境。同时，这种模式还可以提高土壤的肥力和蔬菜的品质，有利于农业的可持续发展。

第二章　设施环境控制技术

第一节　温室结构与性能

温室作为现代农业的重要组成部分，其结构与性能对作物的生长环境、产量和质量具有至关重要的影响。不同类型的温室，其结构特点、材料选择、配套设施等方面均有所不同，适用于不同的种植需求和气候条件。以下将对几种常见的温室类型及其结构特点进行详细阐述。

一、温室类型与结构特点

（一）玻璃温室

玻璃温室作为现代化的温室类型，以其独特的结构特点和优良的性能，在设施农业中占据着重要地位。

1. 结构材料

玻璃温室的核心在于其坚固的骨架结构，通常采用全钢结构框架和热镀锌钢架材料制成。这种结构不仅强度高、稳定性好，而且能够抵抗较强的风雪等自然灾害，确保温室在恶劣天气下的安全运行。钢结构的优异性能，为玻璃温室提供了长期稳定的支撑。

2. 覆盖材料

玻璃温室的覆盖材料主要是玻璃，这是其与其他类型温室最显著的区别之一。玻璃具有优良的透光性，透光率可高达 90% 以上，能够为作物提供充足的光照条件，满足光合作用的需求。同时，玻璃表面光滑，不易积尘，易于清洁，从而减少了光线衰减和热量损失，提高了温室的能效。

3. 温室形式

玻璃温室的形式多样，包括圆顶型、尖顶型等。这些形式不仅美观大方，提升了温室的观赏价值，而且能够根据实际需求进行灵活调整，适应不同的种植场景和气候条件。圆顶型设计有利于光线的均匀分布，而尖顶型设计则更有利于排水和减少积雪的影响。

4. 配套设施

玻璃温室通常配备有专用的遮阳系统、防虫网等设施，这些设施能够调节温室内的光照、温度和湿度等环境因素，为作物提供一个适宜的生长环境。遮阳系统可以在光照过强时提供遮阴，防止作物受到光损伤；防虫网则能有效阻挡害虫的侵入，减少病虫害的发生。

（二）塑料薄膜温室

塑料薄膜温室作为一种经济型温室，以其低廉的成本和实用的性能，在广大农村地区得到了广泛应用。

1. 结构材料

塑料薄膜温室一般采用热浸镀锌轻钢或普通钢结构作为承重结构，这种结构材料既保证了温室的稳定性，又降低了建造成本。同时，采用无檩体系的承重系统简化了结构并减少了用钢量，进一步降低了建造成本。

2. 覆盖材料

塑料薄膜温室的覆盖材料主要是塑料薄膜，这种材料具有轻便、耐用、透光性好等特点。塑料薄膜能够有效地阻挡外界的风雨和寒冷天气，为作物提供一个相对稳定的生长环境。同时，塑料薄膜易于更换和维护，降低了温室的使用成本。

3. 温室形式

塑料薄膜温室的形式多样，包括拱形温室等。这些形式不仅美观大方，而且能够充分利用空间进行作物种植。拱形设计有利于增强温室的抗风压能力，并减少积雪对温室的影响。

4. 配套设施

塑料薄膜温室通常配备有通风、降温、加温等设备,这些设备能够调节温室内的环境条件,满足作物生长的需求。通风设备可以在温室内温度过高时提供通风换气,降低温度;降温设备则可以在炎热天气下为温室提供降温效果;加温设备则可以在寒冷天气下为温室提供必要的温度保障。

(三)硬质覆盖材料温室

硬质覆盖材料温室是一种采用硬质材料作为覆盖材料的温室类型,以其优异的保温性能和稳定的结构特点,在设施农业中发挥着重要作用。

1. 结构材料

硬质覆盖材料温室的结构材料通常采用钢结构或混凝土结构,这种结构强度高、稳定性好,能够抵抗较强的风雪等自然灾害。钢结构和混凝土结构都具有优异的承载能力和抗震性能,为温室提供了长期稳定的支撑。

2. 覆盖材料

硬质覆盖材料温室的覆盖材料包括阳光板、聚碳酸酯板等硬质材料。这些材料具有优良的透光性、保温性和耐用性等特点,能够为作物提供稳定的生长环境。阳光板和聚碳酸酯板都具有优异的抗冲击性能和耐候性能,能够在恶劣天气下保持稳定的性能。

3. 温室形式

硬质覆盖材料温室的形式多样,包括连栋温室、单体温室等。这些形式能够根据实际需要进行灵活设计,适应不同的种植场景和气候条件。连栋温室可以实现大面积的作物种植,提高土地利用效率;而单体温室则更适合于小规模、精细化的作物种植。

4. 配套设施

硬质覆盖材料温室通常配备有通风、降温、加温等设备,以及灌溉、施肥等自动化控制系统。这些设备能够实现高效、精准的作物管理,提高作物的产量和质量。通风、降温和加温设备可以调节温室内的环境条件,满足作物生长的需求;而灌溉和施肥系统则可以实现自动化的作物管理,提高管理效率。

（四）简易型温室

简易型温室作为一种结构简单、成本低廉的温室类型，在农村地区和小规模种植场景中得到了广泛应用。

1. 结构材料

简易型温室通常采用竹木结构或轻钢结构作为承重结构，这种结构材料简单易得且成本低廉。竹木结构和轻钢结构都具有较好的承载能力和稳定性，能够满足简易型温室的使用需求。

2. 覆盖材料

简易型温室的覆盖材料主要是塑料薄膜或草帘等简易材料。这些材料虽然透光性和保温性相对较差，但能够满足一些基本作物的生长需求。塑料薄膜和草帘都具有较好的防风雨性能，能够为作物提供一个基本的生长环境。

3. 温室形式

简易型温室的形式相对简单，通常为拱形或平顶形等。这些形式便于搭建和拆卸，适合小规模、临时性的作物种植。拱形设计有利于增强温室的抗风压能力，并减少积雪对温室的影响；而平顶形设计则更适合于平坦地区的使用。

4. 配套设施

简易型温室通常只配备有基本的通风和灌溉设备，能够满足作物生长的基本需求。通风设备可以在温室内温度过高时提供通风换气，降低温度；而灌溉设备则可以为作物提供必要的水分支持。虽然简易型温室的配套设施相对简单，但已经能够满足一些基本作物的生长需求。

不同类型的温室在结构特点、材料选择、配套设施等方面均有所不同，适用于不同的种植需求和气候条件。在实际应用中，需要根据具体的种植场景和气候条件选择合适的温室类型，并合理配置配套设施，以实现高效、精准的作物管理。

二、温室性能评价指标

温室作为现代农业的重要组成部分，其性能评价对于确保作物的生长环境、提高作物产量和质量具有重要意义。以下将对温室性能的主要评价指标进行详细的阐述，包括透光性、保温性、通风性和耐久性等方面。

（一）透光性

透光性是评价温室性能的重要指标之一，它直接关系到作物对光能的利用效率和光合作用的进行。良好的透光性意味着温室覆盖材料允许更多的光线透过，为作物提供充足的光照。

1. 透光率

透光率是指光线透过覆盖材料进入温室内的比例。它是评价透光性的核心指标，直接关系到温室内光照的强度。透光率越高，意味着温室内部光照越强，作物进行光合作用的能力也就越强。因此，在选择温室覆盖材料时，应优先考虑透光率高的材料，以确保作物能够获得充足的光照。

2. 光照均匀性

光照均匀性反映了温室内部光照分布的均匀程度。除了光照强度，光照的分布也对作物的生长产生重要影响。如果温室内部光照分布不均，会导致作物生长不一致，影响整体产量和质量。因此，在设计温室时，应采取合理的温室形式和结构布局，确保光照能够均匀分布到作物生长区域，避免光照过强或过弱对作物造成不利影响。

3. 提高透光性的措施

为了提高温室的透光性，可以采取以下措施：首先，选择透光率高的覆盖材料，如玻璃、阳光板等；其次，优化温室的结构设计，减少遮挡和阴影部分，确保光线能够充分透入；最后，合理布局温室内部的作物和设施，避免对光线造成不必要的阻挡和反射。

（二）保温性

保温性是温室在冬季或夜间保持温度稳定的能力，它决定了作物在低温环境下的生长条件和产量。良好的保温性能够减少温室内部温度的波动，为作物提供一个稳定的生长环境。

1. 温室内部温度的变化幅度

温室内部温度的变化幅度是评价保温性的重要指标。在冬季或夜间，温室外部温度较低，如果温室保温性能不佳，会导致温室内部温度大幅下降，影响作物的正常生长。因此，需要选择保温性能好的覆盖材料和墙体材料，以减少温室内部温度的波动。

2. 保温时间

保温时间反映了温室在低温环境下保持温度稳定的能力。保温时间越长，意味着温室内部温度越稳定，对作物的生长越有利。为了提高保温时间，可以合理设置温室内部的加热和通风设备，以维持温室内部温度的稳定。

3. 提高保温性的措施

为了提高温室的保温性，可以采取以下措施：首先，选择保温性能好的覆盖材料和墙体材料，如双层中空玻璃、聚碳酸酯板等；其次，增加温室的墙体厚度和保温层厚度，减少热量的散失；最后，合理设置温室内部的加热设备，如暖气、电热器等，以确保温室内部温度在低温环境下保持稳定。

（三）通风性

通风性是温室内部空气流通和换气的能力，它关系到温室内气体环境的调节和作物生长的健康状况。良好的通风性能够确保温室内部空气流通畅通，减少病虫害的发生和传播。

1. 通风效率

通风效率是指温室内部空气流通的速度和均匀性。它是评价通风性的核心指标，直接关系到温室内部气体环境的调节效果。通风效率越高，意味着温室内部空气流通越快，越有利于作物的生长。因此，在设计温室时，应设置合理的通风口和通风设备，以确保温室内部空气流通畅通。

2. 换气次数

换气次数反映了温室内部空气更新的频率。换气次数越多，意味着温室内部空气更新越快，越有利于减少病虫害的发生和传播。为了提高换气次数，可以设置多个通风口和通风设备，并合理调整通风时间和频率。

3. 提高通风性的措施

为了提高温室的通风性，可以采取以下措施：首先，设置合理的通风口和通风设备，如窗户、风扇等；其次，优化温室的结构设计，减少遮挡和阻碍空气流通的部分；最后，合理布局温室内部的作物和设施，避免对空气流通造成不必要的阻挡。

（四）耐久性

耐久性是温室结构抵抗自然环境侵蚀和人为损坏的能力，它关系到温室的使用寿命和维护成本。良好的耐久性能够确保温室在长期使用过程中保持稳定和安全。

1. 抗腐蚀性

抗腐蚀性是评价温室结构材料耐久性的重要指标。在长期使用过程中，温室结构材料会受到自然环境（如雨水、阳光等）的侵蚀和人为损坏（如机械碰撞等）。如果材料抗腐蚀性差，会导致温室结构损坏和安全隐患。因此，在选择温室结构材料时，应优先考虑抗腐蚀性好的材料，以确保温室的使用寿命和安全性。

2. 抗风性

抗风性反映了温室结构抵抗风压的能力。在强风天气下，如果温室结构抗风性差，会导致温室倒塌或严重损坏。为了提高抗风性，可以采取增加温室结构支撑、优化结构设计等措施。

3. 抗雪压能力

抗雪压能力反映了温室结构在积雪条件下的承载能力。在冬季或雪天，如果温室结构抗雪压能力差，会导致温室倒塌或严重变形。为了提高抗雪压能力，可以采取增加温室顶部支撑、优化结构设计等措施。

4. 提高耐久性的措施

为了提高温室的耐久性，可以采取以下措施：首先，选择耐久性好的结构材料和覆盖材料，如热镀锌钢架、阳光板等；其次，采取合理的结构和构造措施，提高温室结构的稳定性和安全性；最后，定期对温室进行检查和维护，及时发现和处理潜在的安全隐患。

透光性、保温性、通风性和耐久性是评价温室性能的重要指标。在实际应用中，需要根据具体的种植需求和气候条件选择合适的温室类型，并合理配置配套设施，以实现高效、精准的作物管理。同时，也需要关注温室性能的评价指标，确保温室在使用过程中能够满足作物的生长需求和生产要求。

三、温室设计与优化

温室作为现代农业的重要组成部分，其设计与优化对于提高作物产量、质量和经济效益具有重要意义。以下将对温室设计与优化的关键方面进行详细阐述，包括结构设计原则、能源效率分析和环境适应性设计等。

（一）结构设计原则

温室结构设计是温室建设的基础，其合理性和科学性直接关系到温室的使用效果和寿命。因此，在进行温室结构设计时，应遵循以下原则。

1. 稳定性和安全性

温室结构必须具有足够的稳定性和安全性，能够承受风雪等自然灾害的侵袭。这是温室结构设计的基本要求。为了实现这一要求，需要对温室结构进行科学的计算和合理的设计，确保结构的强度和稳定性。同时，还需要选择优质的材料和合理的构造方式，以提高温室的抗风压、抗雪压等能力。

2. 优化结构布局

温室结构布局的优化是提高温室内部空间利用率和光照分布均匀性的关键。在进行结构布局设计时，需要充分考虑作物的生长需求和温室环境的适应性，合理安排温室内部的空间布局和设备配置。例如，可以根据作物的生长周期和高度来调整温室内部的层次布局，以提高空间的利用率。同时，还需要通过合理的结构设计来优化温室内部的光照分布，确保作物能够获得充足且均匀的光照。

3. 可维护性和可扩展性

温室结构的可维护性和可扩展性是温室长期使用和发展的需要。在进行结构设计时，需要充分考虑日后的维修和扩建需求，选择易于维护和扩建的结构形式和材料。例如，可以采用模块化的设计方式，使得温室的各个部分可以方便地进行拆卸和更换。同时，还需要为温室的扩建预留足够的空间和接口，以便在需要时进行扩建。

4. 综合考虑作物生长需求和温室环境适应性

温室结构设计的最终目的是为作物生长提供一个稳定、适宜的环境。因此，在进行结构设计时，需要综合考虑作物的生长需求和温室环境的适应性。例如，需要根据作物的生长周期和温度需求来选择合适的温室类型和结构形式。同时，还需要通过合理的结构设计和设备配置来调节温室内部的环境条件，如温度、湿度、光照等，以满足作物的生长需求。

温室结构设计应遵循稳定性、安全性、优化布局、可维护性、可扩展性以及综合考虑作物生长需求和温室环境适应性的原则。这些原则的贯彻实施将有助于提高温室的使用效果和寿命，为现代农业的发展提供有力支撑。

（二）能源效率分析

能源效率分析是温室设计与优化中的重要环节，它旨在提高温室内部能源利用的效率，降低能源消耗和成本。以下是对温室能源效率分析的详细阐述。

1. 能源消耗评估

首先，需要对温室加热、通风、灌溉等系统的能源消耗进行评估。这包括对每个系统的能源消耗量进行监测和记录，并分析其能源消耗的原因和合理性。通过评估，可以找出能源消耗的主要环节和原因，为后续的节能措施提供依据。

2. 环境条件监测与控制

其次，需要对温室内部的环境条件进行监测和控制。这包括温度、湿度、光照等环境因素的监测和控制。通过实时监测和控制温室内部的环境条件，可以确保作物生长在适宜的环境中，同时避免能源的浪费。例如，可以根据作物的生长需求和温室内部的实际环境条件来调整加热和通风系统的运行参数，以实现能源的合理利用。

3. 节能措施与实施

在能源效率分析的基础上，可以采取相应的节能措施来提高温室内部能源利用的效率。这些措施包括优化温室结构、改进能源利用方式等。例如，可以通过优化温室结构来提高温室的保温性能和光照利用效率，从而减少加热和照明系统的能源消耗。同时，还可以采用先进的能源利用技术，如太阳能利用、地热能利用等，来降低温室的能源消耗和成本。

4. 经济效益分析

最后，需要对温室能源效率分析的经济效益进行分析。这包括对节能措施的投资成本、运行成本以及节能效益进行评估和比较。通过经济效益分析，可以判断节能措施的可行性和经济性，为温室的优化设计提供依据。

能源效率分析是温室设计与优化中的重要环节。通过能源消耗评估、环境条件监测与控制、节能措施与实施以及经济效益分析等方面的工作，可以提高温室内部能源利用的效率，降低能源消耗和成本，为现代农业的可持续发展提供支撑。

（三）环境适应性设计

环境适应性设计是温室设计与优化的关键，它旨在提高温室对外部环境的适应能力和抗干扰能力，确保温室内部环境的稳定和作物生长的健康。

1. 温室类型与结构形式选择

首先，要根据作物生长的需求和外部环境的特点，选择合适的温室类型和结构形式。不同类型的温室具有不同的环境适应性和抗干扰能力。例如，对于需要较高温度和湿度的作物，可以选择具有较好保温性能的连栋温室或日光温室；对于需要较强光照的作物，可以选择具有较好光照利用效率的单栋温室或拱形温室。同时，还需要考虑温室的结构形式，如骨架结构、覆盖材料等，以确保温室具有足够的稳定性和耐久性。

2. 温室内部环境调节设备设置

其次，要合理设置温室内部的加热、通风、降温等环境调节设备，以调节温室内部的环境条件。这些设备是温室环境适应性设计的重要组成部分，它们可以帮助温室应对外部环境的变化，保持内部环境的稳定。例如，在寒冷的冬季，可以通过加热设备提高温室内部的温度；在炎热的夏季，可以通过通风和降温设备降低温室内部的温度和湿度。同时，还需要根据作物的生长需求和温室内部的实际环境条件来合理设置这些设备的运行参数和工作时间。

3. 保温与遮阳措施

最后，要采取有效的保温和遮阳措施，提高温室的保温性能和光照利用效率。保温措施可以减少温室内部热量的散失，提高温室的保温性能。例如，可以在温室内部设置保温层、采用双层覆盖材料等措施。遮阳措施则可以减少温室内部光照的过度照射，防止作物受到光照过强的影响。例如，可以在温室顶部设置遮阳网、采用遮阳涂料等措施。通过保温和遮阳措施的实施，可以使温室更好地适应外部环境的变化，为作物生长提供稳定的环境条件。

4. 环境监测与控制系统设计

除上述措施外，还需要设计一套完善的环境监测与控制系统，对温室内部的环境条件进行实时监测和控制。这套系统应包括温度传感器、湿度传感器、光照传感器等监测设备，以及控制器、执行器等控制设备。通过实时监测温室内部的环境条件，并根据作物的生长需求和预设的环境参数进行控制，可以确保温室内部环境的稳定和作物生长的健康。

环境适应性设计是温室设计与优化的关键。通过选择合适的温室类型和结构形式、合理设置温室内部的环境调节设备、采取有效的保温和遮阳措施以及设计完善的环境监测与控制系统等方面的工作，可以提高温室对外部环境的适应能力和抗干扰能力，为作物生长提供稳定的环境条件。这将有助于提高作物的产量和质量，降低生产成本，推动现代农业的可持续发展。

第二节 温室环境因素调控

温室环境因素调控是现代温室技术的核心，它涉及温度、湿度、光照、二氧化碳浓度等多个方面的精细管理。其中，温度调控是其中至关重要的一环，因为温度直接影响作物的生长速度、光合作用、呼吸作用以及养分的吸收和利用。

一、温度调控

在温室环境中，温度调控是一个复杂而精细的过程，它要求根据作物的生长需求和季节变化来精确调节温室内的温度。这通常通过加热系统、通风系统和遮阳系统来实现。

（一）加热系统

加热系统是温室温度调控的重要组成部分，特别是在低温季节，它能够为温室提供额外的热量，确保作物在适宜的温度下生长。常见的加热系统包括热风炉系统、热水加热系统和电热系统。

1. 热风炉系统

热风炉系统是利用燃油、燃气或生物质等燃料燃烧产生的热量，通过风机将热空气送入温室内部。这种系统加热迅速，适用于大面积温室或需要快速提高温度的场合。在设计热风炉系统时，需要考虑燃料的燃烧效率、热风的分布均匀性以及系统的安全性。例如，可以选择高效燃烧器，优化热风管道布局，并设置安全阀和温度传感器来确保系统的安全运行。

2. 热水加热系统

热水加热系统是利用锅炉或太阳能集热器产生热水，然后通过管道将热水输送到温室内部的散热器。散热器通过对流或辐射的方式将热量传递给温室内的空气和作物。这种系统加热稳定，适用于需要长时间保持恒定温度的温室。在设计热水加热系统时，需要考虑锅炉或太阳能集热器的效率、热水的循环速度以及散热器的布局和材质。例如，可以选择高效锅炉或太阳能集热器，优化热水管道布局，并选择导热性能良好的散热器材质来提高加热效果。

3. 电热系统

电热系统是通过电热元件（如电热丝、电热膜等）直接加热温室内的空气或土壤。这种系统加热灵活，适用于小面积温室或有特殊需求的场合。在设计电热系统时，需要考虑电热元件的功率、加热的均匀性以及系统的安全性。例如，可以选择适当功率的电热元件，优化电热元件的布局，并设置温度传感器和过载保护装置来确保系统的安全运行。

（二）通风系统

通风系统是温室中用于调节温度、湿度和二氧化碳浓度的重要设施。通过通风系统的合理设计和管理，可以确保温室内部环境条件的稳定和作物生长的需求。通风系统可以分为自然通风和强制通风两种类型。

1. 自然通风

自然通风是利用温室内外的温差或风力产生的压差，使温室内的空气自然流动。这种通风方式成本低、维护简单，但通风效果受天气条件影响较大。为了优化自然通风效果，可以在温室顶部或侧面设置通风窗，并根据天气条件和作物生长需求调节通风窗的开合程度。

2. 强制通风

强制通风是通过风机等设备产生强制气流，实现温室内部空气的流通和交换。这种通风方式可以根据需要调节通风量和通风时间，通风效果稳定可靠。在设计强制通风系统时，需要考虑风机的功率、通风管道的布局以及通风口的设置等因素。例如，可以选择适当功率的风机，优化通风管道布局，并在温室内部设置多个通风口来实现均匀的通风效果。

（三）遮阳系统

遮阳系统是温室温度调控的辅助手段，特别是在夏季高温时段，它能够有效地减少温室内的光照强度和温度，保护作物免受高温和强光的伤害。常见的遮阳系统包括外遮阳系统和内遮阳系统。

1. 外遮阳系统

外遮阳系统是在温室外部设置遮阳网或遮阳布，通过调节遮阳网的开合程度来控制温室内的光照强度和温度。这种遮阳方式适用于大面积温室，可以有效地降低温室内的温度和光照强度。在设计外遮阳系统时，需要考虑遮阳网的材料、遮阳效果、开合方式以及控制系统等因素。例如，可以选择透光率适中、耐用性好的遮阳网材料，设置合理的遮阳网开合方式，并采用自动化控制系统来实现遮阳网的远程控制和定时开关。

2. 内遮阳系统

内遮阳系统是在温室内部设置遮阳网或遮阳布，通过调节遮阳网的开合程度来减少温室内的光照强度和温度。这种遮阳方式适用于小面积温室或需要局部遮阴的场合。在设计内遮阳系统时，同样需要考虑遮阳网的材料、遮阳效果、开合方式以及控制系统等因素。与外遮阳系统不同的是，内遮阳系统需要更加关注遮阳网对温室内部气流和光照分布的影响，以确保遮阳效果的同时不影响作物的正常生长。

温室温度调控是一个综合多种技术和方法的复杂过程。通过加热系统、通风系统和遮阳系统的合理设计和管理，可以精确地调节温室内的温度，为作物提供一个适宜的生长环境。这将有助于提高作物的产量和质量，推动现代农业的可持续发展。

二、湿度调控

湿度是温室环境中的一个关键参数，对作物的生长和发育有着重要影响。在温室中，湿度的调控通常通过灌溉系统、排水系统和湿度监测与控制来实现。

（一）灌溉系统

灌溉系统是温室湿度调控的核心部分，其目的是为作物生长提供适量的水分，以满足其生长需求。合理的灌溉不仅能够保证作物的正常生长，还能提高水资源的利用效率。以下是常见的灌溉系统。

1. 滴灌系统

滴灌系统由水源、滤器、管道和滴头组成。水通过滤器过滤后，经过管道输送到滴头，滴头将水以低速直接滴入作物根部的土壤中。

滴灌系统具有节水、减少水分蒸发、避免水分直接接触植物叶片从而减少病害发生等优势。滴灌系统适用于对水分要求精确控制的温室作物，尤其是那些根系发达、需水量较为特定的植物。

2. 喷灌系统

喷灌系统是通过水泵和喷头将水喷洒到作物上方或周围环境中，实现大面积的灌溉。喷灌系统可以快速覆盖大面积作物，适合开放式或半开放式的温室环境。

由于喷灌会增加空气湿度，因此需要注意通风以避免因过高的湿度导致病害发生。同时，喷头的设计要确保水滴大小适中，避免对植物造成伤害。

3. 渗灌系统

渗灌系统是通过地下管道或埋设在地下的管道缓慢渗出水分，使水在土壤中均匀分布，供给作物根部。渗灌系统能够最大程度地减少水分的蒸发，保持土壤湿润，同时减少地表径流和侵蚀。渗灌系统适用于对水分敏感或需要长时间保持土壤湿润度的作物。

在灌溉系统的设计中，需要考虑以下因素。

（1）作物的需水量：不同作物对水分的需求不同，设计灌溉系统时需要根据作物的生长阶段和需水量进行调整。

（2）土壤类型：不同的土壤类型对水分的保持和渗透能力不同，需要根据土壤特性选择合适的灌溉方式。

（3）灌溉效率：灌溉系统的设计要考虑到水资源的有效利用，避免浪费。

（4）环境控制：灌溉系统应与其他环境控制系统（如通风、加热等）相结合，以实现温室内环境的最优控制。

（二）排水系统

排水系统用于排出温室内部多余的积水，保持土壤湿度在适宜范围内。排水系统通常由排水沟、排水管和排水泵等组成。

1. 排水沟

排水沟设置在温室地面下方或周围，用于收集多余的水分。排水沟的布置应根据温室的地形和排水需求进行合理设计。

2. 排水管

排水管将排水沟中的水分引导到外部排水系统或集水池中。排水管应具有足够的排水能力和防堵塞设计。

3. 排水泵

在需要时，排水泵用于将积水从低洼地区或集水池中排出。排水泵的选择应根据排水量和排水距离来确定。

排水系统的设计应确保温室内部的水分能够及时排出，避免土壤过湿和作物受淹。

（三）湿度监测与控制

湿度监测与控制是温室湿度调控的关键环节。通过监测温室内部的湿度水平，并采取相应的控制措施，可以确保湿度保持在作物生长的适宜范围内。

（1）湿度监测：使用湿度传感器实时监测温室内部的湿度水平。湿度传感器应放置在温室内部具有代表性的位置，并定期进行校准和维护。

（2）湿度控制：根据湿度监测的结果，采取相应的控制措施来调节温室内部的湿度。例如，在湿度过高时，可以通过通风系统增加空气流通，降低湿度；在湿度过低时，可以通过灌溉系统增加土壤湿度，提高空气湿度。

湿度监测与控制系统的设计应综合考虑作物的需求、温室环境的特点和控制系统的可靠性等因素，确保湿度调控的准确性和有效性。

三、光照调控

光照是作物生长的重要因素之一，对作物的光合作用、生长发育和产量品质有着至关重要的影响。在温室环境中，由于季节、天气和地理位置等因素的限制，自然光照往往无法满足作物生长的最佳需求。因此，光照调控成为温室环境管理中的一项重要任务。光照调控主要通过光照补充系统、光照调节系统和光照均匀性设计来实现。

（一）光照补充系统

光照补充系统是在自然光照不足的情况下，为温室内的作物提供额外光源的系统。它的主要目标是模拟自然光的光谱和光照强度，以满足作物生长的光照需求。

1. 人工光源

人工光源是光照补充系统的核心组成部分。常见的荧光灯、LED 灯等都可以作为人工光源使用。这些光源具有不同的光谱特性，可以根据作物的需求进行选择。例如，一些作物对红光和蓝光较为敏感，因此可以选择富含这两种光谱成分的光源。

在设计人工光源时，需要考虑光源的功率、数量和分布。功率的大小直接影响到光照的强度，而数量和分布则关系到光照的均匀性。为了确保作物能够受到均匀且充足的光照，需要根据温室的大小、作物的种类和生长阶段等因素进行合理的设计。

2. 光合作用促进器

光合作用促进器是一种采用特定光谱技术来促进作物光合作用的设备。它通常使用蓝光、红光等特定波长的光线，这些光线能够更精确地满足作物对光照的需求，提高光能利用效率。

光合作用促进器的设计需要考虑光谱的选择、光照的强度和照射时间等因素。不同的作物对光谱的需求可能有所不同，因此需要根据作物的特性进行选择。同时，光照的强度和照射的时间也需要根据作物的生长阶段和天气条件进行调整，以确保作物能够获得最佳的光照条件。

（二）光照调节系统

根据作物生长的需要和天气条件，光照调节系统用于灵活地调节温室内的光照强度和光照时间。通过合理的调节，可以为作物提供最佳的光照环境，促进作物的生长和发育。

1. 遮阳网

遮阳网是光照调节系统中的重要组成部分。在夏季高温时段，使用遮阳网可以有效地减少温室内的光照强度和温度，避免作物受到高温和强光的伤害。遮阳网通常由遮阳布或遮阳网材料制成，可以根据需要调节开合程度，以控制光照的强度和持续时间。

在设计遮阳网时，需要考虑遮阳网的材料、颜色、透光率等因素。不同的材料具有不同的遮阳效果和耐用性，而颜色和透光率则直接影响到遮阳网对光照的调节效果。因此，需要根据温室的具体需求和作物的特性进行选择和设计。

2．补光窗帘

补光窗帘是另一种常见的光照调节设备。在光照不足的情况下，使用补光窗帘可以遮挡部分自然光，以配合人工光源的使用，提高光照的均匀性和有效性。补光窗帘通常由遮光材料制成，可以根据需要进行开合调节。

在设计补光窗帘时，需要考虑窗帘的材料、颜色、透光率以及开合方式等因素。材料的选择需要考虑到耐用性和遮光效果，而颜色和透光率则需要根据作物的光照需求进行选择。同时，开合方式也需要根据温室的结构和作物的布局进行合理的设计。

（三）光照均匀性设计

光照均匀性设计是确保温室内部光照分布均匀的重要措施。均匀的光照分布可以确保作物在生长过程中获得一致的光照条件，从而促进作物的均匀生长和发育。

1．温室结构

温室的结构和形状对光照分布有着重要的影响。合理的温室结构设计可以确保光照能够均匀分布到作物生长区域。例如，采用拱形或平顶结构的温室可以有效地减少光照的阴影区域，提高光照的均匀性。

在设计温室结构时，需要考虑温室的跨度、高度、屋顶形状等因素。跨度的大小直接影响到温室内部的空间布局和光照分布，而高度和屋顶形状则关系到光照的透射和反射效果。因此，需要根据作物的生长需求和光照特性进行合理的设计。

2．光源布置

光源的布置也是影响光照均匀性的重要因素。合理的光源布置可以确保温室内部的光照分布更加均匀。在设计光源布置时，需要考虑光源的功率、数量、分布以及照射角度等因素。

功率的大小和数量直接影响到光照的强度，而分布和照射角度则关系到光照的均匀性。为了获得均匀的光照分布，需要根据温室的大小、形状和作物的布局进行合理的设计。例如，可以将光源布置在温室的顶部或侧面，并采用适当的照射角度和分布方式，以确保作物能够获得均匀的光照。

3. 反射材料

在温室内部使用反射材料也是提高光照均匀性的有效方法。反射材料可以增加光照的反射和散射效果，从而将光线更加均匀地分布到作物生长区域。常见的反射材料包括白色塑料薄膜、反光板等。

在设计反射材料时，需要考虑材料的反射率、耐用性以及安装方式等因素。反射率的高低直接影响到反射效果的好坏，而耐用性则关系到反射材料的使用寿命。同时，安装方式也需要根据温室的结构和作物的布局进行合理的设计，以确保反射材料能够发挥最佳的反射效果。

光照调控是温室环境管理中的一项重要任务。通过光照补充系统、光照调节系统和光照均匀性设计的合理应用，可以为作物提供最佳的光照环境，促进作物的生长和发育。这将有助于提高作物的产量和品质，推动现代农业的可持续发展。

四、气体环境调控

气体环境调控是温室环境管理中的另一项关键任务。作物在生长过程中，不仅需要光照和水分，还需要适宜的气体环境，特别是二氧化碳浓度以及有害气体的排放控制。以下将详细探讨二氧化碳补充、有害气体排放以及空气流通设计这三个方面的具体策略和实施方法。

（一）二氧化碳补充

二氧化碳是作物进行光合作用的重要原料，对作物的生长和发育具有至关重要的影响。在温室环境中，由于作物的呼吸作用、土壤微生物的分解作用以及温室的相对封闭性，二氧化碳浓度可能会降低，从而影响作物的光合作用和生长。因此，需要通过二氧化碳补充系统为温室内的作物提供足够的二氧化碳。

1. 液态二氧化碳罐

液态二氧化碳罐是一种常见的二氧化碳补充系统。该系统使用液态二氧化碳罐将二氧化碳直接释放到温室内部，以补充二氧化碳浓度。液态二氧化碳罐虽具有储存量大、使用方便等优点，但也需要定期监测和补充液态二氧化碳，以确保其持续稳定地为温室提供二氧化碳。

在设计液态二氧化碳罐系统时，需要考虑罐体的容量、释放速度以及安全性等因素。罐体的容量应根据温室的大小和作物的需求来确定，以确保能够持续稳定地为温室提供二氧化碳。释放速度则需要根据作物的生长阶段和天气条件进行调整，以避免二氧化碳浓度过高或过低对作物造成不利影响。此外，还需要确保罐体的安全性，防止泄漏等意外情况的发生。

2. 生物质燃烧系统

生物质燃烧系统是通过燃烧生物质（如木材、秸秆等）产生二氧化碳，并将其释放到温室内部的一种系统。这种系统可以就地取材，利用农业废弃物等生物质资源进行二氧化碳的补充，具有环保和经济的优点。然而，使用生物质燃烧系统也需要注意安全和环保问题，确保燃烧过程中不会产生有害物质，并对燃烧产生的废气进行处理。

在设计生物质燃烧系统时，需要考虑生物质的种类、燃烧效率以及废气处理等因素。生物质的种类应根据当地的可利用资源和作物的需求来选择，以确保系统的可持续性和经济性。燃烧效率则需要通过优化燃烧过程和提高燃烧设备的技术水平来提高，以减少能源的浪费和废气的排放。废气处理则可以采用过滤、吸附等方法，将废气中的有害物质去除，确保其对环境和作物无害。

（二）有害气体排放

温室内的作物生长过程中可能会产生一些有害气体，如氨气、硫化氢等。这些有害气体对作物的生长不利，甚至可能对其造成毒害，因此需要及时排放。常见的有害气体排放措施包括通风系统和生物过滤系统。

1. 通风系统

通风系统是通过增加温室内部空气的流通，将有害气体排出室外的一种措施。通风系统可以根据需要调节通风量和通风时间，以确保温室内部空气的新鲜度和有害气体的浓度控制在适宜范围内。

在设计通风系统时，需要考虑通风口的大小、位置和数量等因素。通风口的大小应根据温室的大小和作物的需求来确定，以确保足够的通风量。通风口的位置则应设置在温室内部空气流动较为缓慢的区域，以促进空气的循环和有害气体的排放。通风口的数量则需要根据温室的结构和作物的布局来合理安排，以确保整个温室内部的空气都能够得到充分的流通。

2. 生物过滤系统

生物过滤系统是利用生物过滤材料（如活性炭、生物炭等）吸附和分解有害气体，将其转化为无害物质的一种措施。生物过滤系统具有处理效率高、无二次污染等优点，但需要定期更换过滤材料，并保持其良好的工作性能。

在设计生物过滤系统时，需要考虑过滤材料的种类、过滤效率以及更换周期等因素。过滤材料的种类应根据有害气体的种类和浓度来选择，以确保其能够有效地吸附和分解有害气体。过滤效率则需要通过优化过滤材料的结构和提高过滤技术的水平来提高，以确保有害气体的处理效果。更换周期则需要根据过滤材料的使用情况和处理效果来确定，以确保系统的持续稳定运行。

（三）空气流通设计

空气流通设计是确保温室内部空气新鲜、氧气充足的重要措施。良好的空气流通不仅可以促进作物的生长和发育，还可以减少病虫害的发生和传播。在设计空气流通时，需要考虑通风口设置、风机系统以及空气循环管道等因素。

1. 通风口设置

通风口设置是空气流通设计的重要组成部分。在温室顶部和侧壁设置合理的通风口，以便在需要时增加空气流通。通风口的大小和位置应根据温室的结构和作物生长的需求进行合理安排。

在设计通风口时，需要考虑温室的大小、形状以及作物的布局等因素。温室的大小和形状会影响到空气的流动和分布，因此需要根据实际情况进行合理的设计。作物的布局则会影响到空气的流通和氧气的供应，因此需要在设计通风口时考虑作物的生长需求和空间分布。

2. 风机系统

在大型温室中，可以使用风机系统来强制增加空气流通。风机系统的选择应根据温室的大小和通风需求来确定。风机系统的设计和安装需要考虑到温室的结构、作物的布局以及空气的流动方向等因素。

在设计风机系统时，需要考虑风机的功率、数量以及布局等因素。风机的功率应根据温室的大小和通风需求来确定，以确保足够的通风量。风机的数量则需要根据温室的布局和空气的流动方向来合理安排，以确保整个温室内部的空气都能够得到充分的流通。风机的布局则需要考虑到作物的生长需求和空间分布，以确保氧气和新鲜空气的均匀供应。

3. 空气循环管道

在温室内部设置空气循环管道，将新鲜空气引入温室内部，并将旧空气排出室外。这种设计可以确保温室内部空气的新鲜度和氧气含量。空气循环管道的设计需要考虑到温室的结构、作物的布局以及空气的流动方向等因素。

在设计空气循环管道时，需要考虑管道的大小、形状以及布局等因素。管道的大小应根据温室的大小和通风需求来确定，以确保足够的通风量。管道的形状则需要根据温室的结构和空气的流动方向来设计，以促进空气的循环和流通。管道的布局则需要考虑到作物的生长需求和空间分布，以确保氧气和新鲜空气的均匀供应。同时，还需要注意管道的材料选择和施工质量，以确保其耐久性和稳定性。

气体环境调控是温室环境管理中的关键任务之一。通过合理的二氧化碳补充、有害气体排放以及空气流通设计，可以为温室内的作物提供适宜的气体环境，促进其生长和发育。这将有助于提高作物的产量和品质，推动现代农业的可持续发展。在实际应用中，需要根据温室的具体情况和作物的需求进行个性化的设计和调整，以实现最佳的气体环境调控效果。

第三节　温室覆盖材料与光照管理

温室覆盖材料的选择是温室建设中至关重要的一环，它不仅关系到温室的耐用性和经济性，更对温室内部的光照、温度和湿度等环境因素产生直接影响。合理的覆盖材料选择能够有效地调控温室内的光照条件，为作物提供一个适宜的生长环境。

一、温室覆盖材料选择

（一）玻璃：传统而可靠的选择

玻璃作为传统的温室覆盖材料，因其出色的透光性和耐久性而备受青睐。它能够允许自然光谱中的大部分光线穿透，为温室内的作物提供充足的光照，有利于作物的光合作用和正常生长。同时，玻璃材料还具备良好的保温性能，能够在冬季有效地减少温室内的热量损失，维持温室内的温度稳定。

然而，玻璃作为温室覆盖材料也存在一些不足之处。首先，玻璃的价格相对较高，增加了温室的建造成本。其次，玻璃的重量较大，给安装和维护带来了一定的困难，也增加了相关的成本。因此，在选择玻璃作为温室覆盖材料时，需要综合考虑其优缺点，确保在经济性和实用性之间取得平衡。

（二）塑料薄膜：经济实用的选择

塑料薄膜是目前温室覆盖中使用最为广泛的一种材料。它具有较高的透光率，能够为温室内的作物提供充足的光照。同时，塑料薄膜的重量较轻，安装和维护相对简便，成本也较低，这使得它在温室建设中具有显著的经济优势。

塑料薄膜的透光性可以根据需要进行调整，通过选择不同透光率的薄膜来满足不同作物对光照的需求。此外，塑料薄膜还具有一定的保温性能，能够在冬季减少温室的热量损失，保持温室内的适宜温度。

然而，塑料薄膜的耐久性相对较差。在长时间的使用过程中，它容易因受到紫外线照射、风吹雨打等自然因素的影响而老化破损。因此，在选择塑料薄膜作为温室覆盖材料时，需要关注其质量和使用寿命，定期进行更换和维护，以确保温室内的光照和温度条件稳定。

（三）功能性覆盖材料：创新与定制的选择

功能性覆盖材料是近年来发展起来的一种新型温室覆盖材料。它们不仅具备良好的透光性和保温性能，还具备一些特殊的功能，如防雾、防虫、防紫外线等。这些功能使得功能性覆盖材料能够根据作物的生长需求和温室环境的特点进行定制，满足不同条件下的光照管理需求。

功能性覆盖材料的防雾功能可以有效地减少温室内的雾气凝结，保持温室的清晰视野和适宜的光照条件。防虫功能则可以阻止害虫进入温室，减少病虫害的发生和传播。防紫外线功能则可以保护作物免受紫外线的伤害，保持作物的健康和生长。

然而，功能性覆盖材料的价格通常较高，增加了温室的建造成本。因此，在选择功能性覆盖材料时，需要综合考虑其性能和成本，确保在经济性和实用性之间取得平衡。同时，还需要关注功能性覆盖材料的使用寿命和维护成本，以确保其长期的经济性和可持续性。

二、光照管理策略与实践

在温室覆盖材料选择的基础上，合理的光照管理策略对于优化温室环境、提高作物产量和品质具有至关重要的作用。光照是作物生长的关键因素之一，它不仅影响作物的光合作用和生长发育，还直接关系到作物的产量和品质。因此，制定并执行科学的光照管理策略与实践，对于温室作物的生产具有重要意义。以下是一些关键的光照管理策略与实践的详细阐述。

（一）合理布局与规划

在温室建设初期，应根据作物的光照需求和温室的结构特点进行合理布局与规划。这是确保温室内作物能够充分接受到自然光照，避免光照不足或过剩的关键步骤。

首先，要考虑作物的光照需求。不同作物对光照的需求是不同的，有些作物需要充足的光照，而有些作物则对光照的需求较低。因此，在选择作物种植时，要了解其光照需求，并根据温室的光照条件进行合理布局。

其次，要考虑温室的结构特点。温室的结构、朝向、高度等都会影响光照的分布和强度。因此，在布局时，要充分利用温室的结构特点，合理安排作物的种植位置和密度，确保每个作物都能获得适宜的光照。

最后，还可以考虑利用反射膜或反光板等辅助材料，提高温室内的光照利用率。这些材料可以将光线反射到作物的叶片上，增加作物的受光面积，提高光合作用效率。

（二）定期清洁与维护

温室覆盖材料在使用过程中容易积累灰尘和污垢，这些污染物会附着在材料表面，形成一层遮挡层，影响透光性能。因此，应定期对温室覆盖材料进行清洁和维护，保持其良好的透光性。

对于玻璃材料，可以使用清水或专用清洁剂进行擦拭。在擦拭时，要注意使用柔软的布料或海绵，避免划伤玻璃表面。同时，还要定期检查玻璃的密封性和完整性，确保没有漏气或破损现象。

对于塑料薄膜和功能性覆盖材料，可以使用软刷或吸尘器进行清洁。在清洁时，要注意不要使用过于尖锐的工具或化学品，以免损坏材料表面。同时，还要定期检查材料的完整性和透光性，及时更换老化或破损的材料。

通过定期清洁和维护，可以保持温室覆盖材料的良好透光性，确保作物能够充分接受到自然光照，提高光合作用效率和作物品质。

（三）遮光与降温措施

在夏季或光照过强的情况下，温室内的光照强度和温度都会升高，这会对作物的生长产生不利影响。因此，需要采取遮光与降温措施，以保护作物免受强光照射和高温影响。

可以使用遮阳网、降温喷雾等设备来降低温室内的光照强度和温度。遮阳网可以有效地遮挡部分阳光，降低光照强度；降温喷雾则可以通过喷洒水雾来降低温室内温度。同时，还可以通过调整温室通风口和湿帘等设备的运行参数，实现温室内的温湿度调控。例如，可以增大通风口的开启程度，增加温室内外的空气流通量，降低温度；或者调整湿帘的湿度和温度，增加温室内的空气湿度和降低温度。

通过采取遮光与降温措施，可以有效地保护作物免受强光照射和高温影响，确保作物在适宜的光照和温度条件下健康生长。

（四）补光与延长光照时间

在冬季或光照不足的情况下，温室内的光照强度和时间都会减少，这会影响作物的光合作用和生长发育。因此，需要采取补光措施，为温室内的作物提供足够的光照。

可以使用 LED 植物灯、荧光灯等人工光源进行补光。这些光源可以根据作物的光照需求进行调控，提供适宜的光照强度和光谱分布。同时，还可以根据作物的生长阶段和天气情况，灵活调整补光时间和强度，确保作物在不同生长阶段都能够获得适宜的光照条件。

补光不仅可以提高作物的光合作用效率，还可以促进作物的生长和发育。通过补光措施，可以延长作物的光照时间，增加作物的受光量，提高作物的生长速度和品质。

（五）光照监测与智能化管理

为了实现更加精准的光照管理，可以在温室内部安装光照传感器和智能化控制系统。通过实时监测温室内的光照强度和分布情况，可以及时调整光照管理策略，确保作物在不同生长阶段都能够获得适宜的光照条件。

光照传感器可以实时监测温室内的光照强度和分布情况，并将数据传输到智能化控制系统中。智能化控制系统可以根据传感器的数据，自动调整温室内的光照条件，如开启或关闭遮阳网、调整补光光源的强度和光谱分布等。同时，智能化控制系统还可以根据天气预报和季节变化等信息，自动调整温室内的光照和温湿度等环境因素，实现温室环境的智能化管理。

通过光照监测与智能化管理，可以更加精准地控制温室内的光照条件，为作物提供一个适宜的生长环境。这不仅可以提高作物的光合作用效率和生长速度，还可以提高作物的品质和产量。

温室覆盖材料的选择与光照管理对于优化温室环境、提高作物产量和品质具有重要意义。在选择温室覆盖材料时，需要综合考虑材料的透光性、保温性能、耐久性和经济性等因素，并根据作物的生长需求和温室环境的特点进行合理选择。同时，还需要制定并执行合理的光照管理与实践策略，包括合理布局与规划、定期清洁与维护、遮光与降温措施、补光与延长光照时间以及光照监测与智能化管理等。通过这些措施的实施，可以为温室内的作物提供一个适宜的生长环境，促进作物的健康生长和高产高质。

二、覆盖材料性能分析

在选择温室覆盖材料时，对其性能指标的全面考量是至关重要的。其中，透光率、耐久性和保温性是最为关键的三个性能指标，它们直接影响着温室作物的生长环境、覆盖材料的使用寿命以及温室的能耗效率。以下是对这三个性能指标的详细分析。

（一）透光率：光线与生长的桥梁

透光率是衡量覆盖材料透光性能的重要指标，它直接反映了光线通过覆盖材料后到达作物表面的比例。这一指标的高低，直接影响着作物接受光照的强弱，进而对其生长和发育产生深远影响。

1. 透光率与作物生长的关系

透光率越高，意味着作物能够接受到的光照越强。对于大多数作物而言，充足的光照是其进行光合作用、积累有机物、实现健康生长的必要条件。然而，不同作物对光照的需求并非千篇一律。例如，一些喜阴作物对光照的需求就相对较低，过高的光照强度反而可能对其造成不利影响。因此，在选择覆盖材料时，必须根据作物的特性来挑选合适的透光率，以确保作物能够在最适宜的光照条件下生长。

2. 透光率的测量与选择

透光率的测量通常使用专业的透光率测试仪进行。在测量时，需要确保测试环境的光照条件稳定，以避免测量误差。同时，由于不同季节、不同天气条件下的光照强度存在差异，因此在选择覆盖材料时，还需要考虑这些因素对透光率的影响。一般来说，为了兼顾不同季节和天气条件下的光照需求，可以选择透光率适中、具有一定调节能力的覆盖材料。

（二）耐久性：时间的考验

耐久性是衡量覆盖材料使用寿命的重要指标。在温室环境中，覆盖材料需要长期承受风吹、雨打、日晒等自然因素的侵蚀，因此其耐久性显得尤为重要。

1. 耐久性的影响因素

覆盖材料的耐久性主要受到其材质、结构、厚度以及表面处理等因素的影响。一般来说，材质优良、结构稳定、厚度适中且经过特殊表面处理的覆盖材料往往具有更好的耐久性。例如，一些采用高强度聚酯纤维或聚氯乙烯等优质材料制成的覆盖材料，就能够在自然环境中表现出出色的抗老化、抗腐蚀和抗磨损能力。

2. 耐久性与运营成本的关系

耐久性好的覆盖材料能够长时间保持良好的性能，减少更换和维护的频率，从而降低运营成本。这对于温室种植者来说具有重要意义。因为一旦覆盖材料出现老化、破损等问题，就需要及时更换或维修，这不仅会增加额外的费用支出，还可能对作物的生长环境造成不利影响。因此，在选择覆盖材料时，应优先考虑那些具有优良耐久性的产品。

（三）保温性：温室的守护者

保温性是衡量覆盖材料保温性能的重要指标。在冬季，保温性能好的覆盖材料能够有效地减少温室内部的热损失，降低加温能耗，提高温室的能效比。

1. 保温性与温室能效的关系

保温性能的好坏直接影响着温室的能效比。一般来说，保温性能越好的覆盖材料，其热传导系数越低，热损失也就越少。这意味着在冬季，温室内部能够保持更高的温度，从而减少对加温设备的依赖和能耗。同时，良好的保温性能还能够减少温室内部的温度波动，为作物提供一个更加稳定的生长环境。

2. 保温性的调控与平衡

保温性能过强的覆盖材料也可能导致夏季温室内部温度过高，对作物的生长造成不利影响。因此，在选择覆盖材料时，需要综合考虑其保温性能与透光性能之间的平衡。一般来说，可以通过选择具有一定透光率调节能力的覆盖材料来实现这一平衡。例如，一些采用特殊涂层或结构的覆盖材料就能够在保证良好保温性能的同时，还具有一定的透光率调节能力。

此外，为了进一步调控温室的温度环境，还可以配合其他措施进行使用。例如，在夏季高温时段，可以通过开启温室通风口、增加遮阳设施等方式来降低温室内部的温度；而在冬季低温时段，则可以通过加强加温设备的运行、增加保温层等方式来提高温室内部的温度。通过这些措施的配合使用，可以实现对温室温度环境的精准调控，为作物提供一个更加适宜的生长环境。

透光率、耐久性和保温性是选择温室覆盖材料时需要考虑的三个关键性能指标。它们直接影响着温室作物的生长环境、覆盖材料的使用寿命以及温室的能耗效率。因此，在选择覆盖材料时，需要综合考虑这三个指标之间的平衡与协调，以确保温室能够为作物提供一个最适宜的生长环境。同时，在使用过程中，还需要定期对覆盖材料进行清洁和维护，以延长其使用寿命并保持其良好的性能状态。

三、光照管理策略

光照是温室作物生长过程中不可或缺的重要因素，对作物的生长、发育和产量有着直接的影响。因此，光照管理成为温室管理中的关键环节。光照管理的三个主要策略：光照时间控制、光照强度调节和光照均匀性优化。

（一）光照时间控制：模拟自然，精准调控

光照时间控制是温室光照管理的重要策略之一。通过人工控制温室内的光照时间，可以模拟不同季节和地区的光照条件，满足作物对光照时间的特定需求。这一策略的实施，对于促进作物的生长和发育具有重要意义。

1. 光照时间与作物生长的关系

光照时间是影响作物生长的重要因素之一。不同作物对光照时间的需求各不相同，有的作物需要较长的光照时间，而有的作物则对短日照更为适应。因此，在温室光照管理中，需要根据作物的种类和生长阶段来精准控制光照时间。例如，一些长日照作物如小麦、大麦等，在生长过程中只有需要较长的光照时间才

能促进其正常生长和发育；而一些短日照作物如菊花、一品红等，则在短日照条件下更能促进其开花和结实。

2．光照时间的控制方法

为了实现光照时间的精准控制，温室管理者可以采用定时器或光控开关等设备。这些设备可以根据作物种类和生长阶段的需要，设定合适的开灯和关灯时间，从而模拟自然光照条件，满足作物对光照时间的需求。例如，在冬季日照时间较短的地区，可以通过延长温室内的光照时间，促进作物的生长和发育。具体而言，可以在温室顶部安装补光灯，并设置定时器，在日照不足的时间段自动开启补光灯，为作物提供额外的光照。

3．光照时间控制的注意事项

在实施光照时间控制策略时，需要注意以下几点：首先，要确保定时器和光控开关等设备的准确性和稳定性，以免出现光照时间不足或过长的情况；其次，要根据作物的实际生长情况和季节变化及时调整光照时间，以满足作物不同生长阶段的需求；最后，要注意观察作物的生长状况，如出现生长异常或病虫害等问题，要及时调整光照时间并采取相应的管理措施。

（二）光照强度调节：适应需求，科学调控

光照强度是影响作物生长的关键因素之一。通过调节温室内的光照强度，可以满足作物对光照强度的不同需求，促进其健康生长和发育。

1．光照强度与作物生长的关系

光照强度对作物的生长具有显著影响。一般来说，作物在生长初期对光照强度的需求较低，而在开花结果期则需要较高的光照强度。如果光照强度不足，会导致作物生长缓慢、叶片黄化、产量下降等问题；而过强的光照则可能使作物受到光抑制或光破坏，同样不利于其生长和发育。因此，在温室光照管理中，需要根据作物生长阶段的需求来科学调节光照强度。

2．光照强度的调节方法

为了实现光照强度的科学调节，温室管理者可以采用遮阳网、反光板、补光灯等设备。在夏季阳光强烈时，可以使用遮阳网降低温室内的光照强度，避免作

物受到过强的光照伤害；而在冬季或阴雨天气，则可以使用补光灯增加温室内的光照强度，提高作物的光合作用效率。此外，还可以通过调整温室的结构和布局来优化光照分布，提高光照利用率。

3. 光照强度调节的注意事项

在实施光照强度调节策略时，需要注意以下几点：首先，要确保遮阳网、反光板、补光灯等设备的安装和使用符合规范，以免对作物造成不必要的伤害；其次，要根据作物的实际生长情况和季节变化及时调整光照强度，以满足作物不同生长阶段的需求；最后，要注意观察作物的生长状况，如出现生长异常或病虫害等问题，要及时调整光照强度并采取相应的管理措施。同时，还需要注意补光灯等设备的能耗问题，合理选择和使用节能型设备，以降低温室运行的成本。

（三）光照均匀性优化：布局合理，技术辅助

光照均匀性优化对作物的生长和发育至关重要。如果温室内的光照分布不均匀，会导致作物生长不整齐、产量下降等问题。因此，在温室光照管理中，需要采取一系列措施来优化光照均匀性。

1. 光照均匀性与作物生长的关系

光照均匀性是指温室内各个区域的光照强度保持一致。如果光照分布不均匀，会导致作物在不同区域受到的光照强度不同，从而影响其生长和发育。例如，在光照较强的区域，作物可能会生长过于旺盛，而在光照较弱的区域，作物则可能生长缓慢或黄化。因此，优化光照均匀性对于提高作物的整体生长质量和产量具有重要意义。

2. 光照均匀性的优化方法

为了实现光照均匀性的优化，温室管理者可以采取一系列措施。首先，可以通过调整温室结构来改善光照分布。例如，合理设计温室的屋顶形状和高度，以减少光照的遮挡和反射；同时，还可以采用透光性能好的覆盖材料，提高温室内的光照透射率。其次，可以通过合理布置光源来优化光照分布。例如，在温室内部安装多个补光灯，并根据作物的生长情况和光照需求进行布局调整，以确保各个区域都能获得适宜的光照强度。此外，还可以通过使用反光板等设备将光线反

射到光照较弱的区域，提高光照均匀性。

除上述措施外，还可以采用一些先进的技术手段来优化光照均匀性。例如，利用智能控制系统对补光灯进行精准控制，根据温室内的光照强度和作物需求自动调节补光灯的亮度和开关时间；同时，还可以利用传感器实时监测温室内的光照分布情况，并及时调整光源布局或采取其他措施进行改善。

3. 光照均匀性优化的注意事项

在实施光照均匀性优化策略时，需要注意以下几点：首先，要确保温室结构和光源布局的合理性和科学性，以免对作物造成不必要的遮挡或光照不均等问题；其次，要根据作物的实际生长情况和季节变化及时调整光源布局和补光灯的亮度等参数，以满足作物不同生长阶段的需求；最后，要注意观察作物的生长状况，如出现生长异常或病虫害等问题，要及时调整光照均匀性并采取相应的管理措施。同时，还需要注意补光灯等设备的能耗问题以及智能化控制系统的稳定性和准确性等问题，以确保光照均匀性优化策略的有效实施和温室的可持续运行。

四、光照管理与作物生长

光照作为作物生长不可或缺的要素，其管理对作物的生长、发育、品质和产量具有深远的影响。本文将深入探讨光照管理如何影响作物的光合作用效率、生长周期以及品质与产量，以期为农业生产提供科学的光照管理策略。

（一）光合作用效率：光照管理的核心

光合作用是作物生长的基础过程，它负责将光能转化为化学能，为作物提供必要的养分。而光照管理，作为影响光合作用效率的关键因素，对作物的生长和发育起着至关重要的作用。

1. 光照时间与光合作用

充足的光照时间是保证作物进行正常光合作用的前提。在光照充足的情况下，作物叶片中的叶绿素能够充分吸收光能，并将其转化为化学能，进而促进光合作用的进行。通过合理控制光照时间，可以确保作物在生长过程中获得足够的光照，从而提高光合作用效率。例如，在日照时间较短的地区或季节，可以通过延长温室内的光照时间来增加作物的光合作用时间，从而促进作物的生长和发育。

2. 光照强度与光合作用

光照强度是影响光合作用速率的另一个重要因素。在光照强度适宜的情况下，作物叶片中的光合酶能够充分发挥活性，加速光合作用的进行。通过科学调节光照强度，可以确保作物在生长过程中获得适宜的光照条件，从而提高光合作用效率。例如，在阳光强烈的夏季，可以使用遮阳网来降低温室内的光照强度，避免作物受到过强的光照伤害；而在光照不足的冬季或阴雨天气，则可以使用补光灯来增加温室内的光照强度，提高作物的光合作用效率。

3. 光照均匀性与光合作用

光照均匀性是指温室内各个区域的光照强度保持一致。如果光照分布不均匀，会导致作物在不同区域受到的光照强度不同，从而影响其光合作用效率。通过优化光照均匀性，可以确保作物在生长过程中获得均匀的光照条件，从而提高整体的光合作用效率。例如，可以通过调整温室结构、合理布置光源、使用反光板等方法来改善光照分布；同时，也可以采用移动式补光灯等设备对光照不足的区域进行局部补充，以实现光照的均匀分布。

通过合理控制光照时间、强度和均匀性，可以显著提高作物的光合作用效率，促进作物的生长和发育。这不仅有助于提高作物的产量和品质，还可以增强作物的抗病性和抗逆性，为农业生产带来显著的经济效益。

（二）作物生长周期：光照管理的调控手段

作物生长周期是指作物从播种到收获所经历的时间。光照管理作为重要的环境因素之一，对作物生长周期具有显著的调控作用。通过控制光照条件，可以缩短或延长作物的生长周期，以适应不同的生产需求。

1. 延长光照时间促进生长

在春季栽培时，由于日照时间逐渐延长，作物生长速度加快。此时，可以通过延长光照时间来进一步促进作物的生长和开花。例如，在温室栽培中，可以使用定时器或光控开关等设备来延长补光灯的开启时间，为作物提供额外的光照。

这样可以增加作物的光合作用时间，促进养分的合成和积累，从而加速作物的生长和开花进程。

2. 缩短光照时间加速成熟

在秋季栽培时，由于日照时间逐渐缩短，作物开始进入成熟和收获阶段。此时，可以通过缩短光照时间来加速作物的成熟和收获。例如，在温室栽培中，可以适当减少补光灯的开启时间或调整遮阳网的使用来降低温室内的光照强度。这样可以减少作物的光合作用时间，促进作物养分的转运和积累，从而加速作物的成熟和收获进程。

3. 光照管理与作物适应性

除直接调控作物的生长周期外，光照管理还可以帮助作物适应不同的环境条件。例如，在光照不足的地区或季节，通过增加光照时间和强度可以提高作物的光合作用效率，增强其生长和发育能力；而在光照过强的地区或季节，则可以通过减少光照时间和强度来避免作物受到光抑制或光破坏的伤害。这样可以使作物在不同的环境条件下都能保持正常的生长和发育状态。

光照管理作为调控作物生长周期的重要手段之一，在农业生产中具有广泛的应用价值。通过合理控制光照条件，可以缩短或延长作物的生长周期，以适应不同的生产需求和环境条件。这不仅有助于提高作物的产量和品质，还可以为农业生产带来更大的灵活性和可控性。

（三）品质与产量影响：光照管理的综合效益

光照管理不仅影响作物的光合作用效率和生长周期，还对作物的品质和产量产生显著影响。充足的光照可以提高作物的光合作用效率，促进养分的合成和积累，从而改善作物的品质和提高产量。同时，合理的光照条件还可以增强作物的抗病性和抗逆性，减少病虫害的发生和传播。

1. 光照对作物品质的影响

作物的品质包括外观品质、营养品质和口感品质等多个方面。光照作为影响作物品质的重要因素之一，对作物的外观色泽、营养成分和口感风味等都具有显著影响。例如，在光照充足的条件下，作物的叶片更加浓绿、果实色泽更加鲜艳；同时，光照还可以促进作物中维生素 C、糖分等营养成分的合成和积累，提高作物的营养价值。

2. 光照对作物产量的影响

作物的产量是衡量农业生产效益的重要指标之一。光照作为影响作物产量的关键因素之一，对作物的生长速度、叶片面积和果实大小等都具有显著影响。例如，在光照充足的条件下，作物的生长速度加快、叶片面积增大、果实大小均匀且产量提高；相反，在光照不足的条件下，作物的生长速度减慢、叶片面积减小、果实大小不均且产量降低。

3. 光照管理与作物抗病性

除直接影响作物的品质和产量外，光照管理还可以通过增强作物的抗病性来间接提高作物的生产效益。合理的光照条件可以促进作物生长健壮、提高其对病虫害的抵抗力；同时，充足的光照还可以促进作物伤口的愈合和组织的修复，减少病虫害对作物的危害程度。这样不仅可以降低农药的使用量和成本投入，还可以提高作物的品质和产量水平。

光照管理作为影响作物品质和产量的重要因素之一，在农业生产中具有举足轻重的地位。通过合理控制光照条件，可以改善作物的外观色泽、提高营养成分含量和口感风味等品质指标；同时，还可以促进作物的生长速度、增大叶片面积和提高果实大小等产量指标。此外，合理的光照管理还可以增强作物的抗病性和抗逆性能力，为农业生产带来更大的经济效益和社会效益。因此，在实际生产过程中，应充分重视光照管理的作用和价值，并采取科学合理的措施来优化光照条件，以促进作物的健康生长和高产高质。

五、新型覆盖材料与光照管理技术

（一）智能型覆盖材料

智能型覆盖材料是一种具有自我调节功能的新型温室覆盖材料。它可以根据外界环境的变化自动调节自身的性能参数，如透光率、保温性等，以适应作物生长的需要。例如，智能型覆盖材料可以根据光照强度自动调节透光率，避免作物受到过强的光照伤害；同时，它还可以根据温度变化自动调节保温性能，减少冬季温室的热损失。

（二）LED 光照技术

LED 光照技术是一种高效、节能的光照管理方式。相比传统的补光灯源，LED 光源具有更高的能效比和更长的使用寿命。同时，LED 光源还可以根据作物对光谱的需求进行定制，提供更加符合作物生长需要的光照条件。例如，在温室栽培中，可以使用特定波长的 LED 光源来促进作物的生长和开花；而在植物育苗阶段，则可以使用不同波长的 LED 光源来模拟自然光周期，促进幼苗的健壮生长。

（三）光伏与温室集成系统

光伏与温室集成系统是一种将光伏发电技术与温室栽培技术相结合的新型系统。该系统通过在温室顶部安装光伏板来发电，同时利用光伏板下的空间进行作物栽培。这种集成系统不仅可以为温室提供清洁能源和电力支持，还可以提高温室的光照利用效率和空间利用率。同时，光伏板还可以起到遮阳和降温的作用，改善温室内的环境条件。

第三章　土壤与肥料管理

第一节　设施土壤特性与改良

一、设施土壤的基本特性

设施土壤作为设施蔬菜生长的基础，其特性对蔬菜的生长、产量和品质有着至关重要的影响。深入了解设施土壤的基本特性，对于科学管理和优化土壤环境，提高设施蔬菜的生产效益具有重要意义。以下将详细阐述设施土壤的物理特性，特别是土壤结构方面的知识点。

（一）物理特性

设施土壤的结构是指土壤颗粒之间排列和组合的方式，这一结构直接影响土壤的物理性质和作物根系的生长环境。与露地土壤相比，设施土壤由于长期受到人为活动的影响，其结构往往发生显著变化。通常，设施土壤的结构是通过人为控制和管理来塑造和优化的，以达到最佳的蔬菜生长条件。

（1）团聚体

土壤团聚体是由土壤颗粒通过有机物质和无机物质的胶结作用形成的较大颗粒。它们是土壤结构的基本单元，对土壤的物理性质起着决定性作用。团聚体的大小、形状和稳定性直接影响土壤的通气性、排水性、保水性和持肥能力。

较大的团聚体之间留有足够的空间，有利于空气和水分在土壤中的流通，从而改善土壤的通气性和排水性。这对于设施蔬菜的生长尤为重要，因为良好的通气和排水条件有助于减少根系病害的发生，并促进根系的健康发育。而较小的团聚体则更紧密地排列在一起，可以保持土壤中的水分，减少水分的蒸发和流失，提高土壤的保水能力。因此，这对于干旱季节或灌溉条件有限的设施蔬菜生产尤为重要。

此外，团聚体的稳定性也是土壤结构的重要指标。稳定的团聚体能够抵抗外力破坏，保持土壤结构的稳定性，为作物根系提供一个稳定的生长环境。通过添加有机物料（如堆肥、秸秆等），可以促进土壤团聚体的形成和稳定性。有机物料中的胶结物质有助于将土壤颗粒黏结在一起，形成稳定的团聚体结构。

（2）团聚体的大小对土壤物理性质的影响

团聚体的大小是土壤结构的重要特征之一，它直接影响土壤的通气性和保水性。较大的团聚体之间形成的空隙较大，有利于空气和水分在土壤中的流通和交换。这使得土壤具有良好的通气性，有助于根系的呼吸作用和微生物的活动。同时，较大的空隙也有利于水分的渗透和排出，减少土壤积水和水分胁迫对作物的不利影响。

相比之下，较小的团聚体则更紧密地排列在一起，形成的空隙较小。这种紧密的排列方式有助于保持土壤中的水分，减少水分的蒸发和流失。在干旱季节或灌溉条件有限的设施蔬菜生产中，较小的团聚体能够提高土壤的保水能力，为作物提供稳定的水分供应。然而，过小的团聚体也可能导致土壤通气性变差，影响根系的呼吸作用和微生物的活动。

（3）团聚体的形状对土壤物理性质的影响

团聚体的形状也是影响土壤物理性质的重要因素。球形或近似球形的团聚体具有较好的通气性和保水性，因为它们能够形成较为稳定的空隙结构。这种空隙结构有利于空气和水分在土壤中的均匀分布和交换，为作物根系提供一个良好的生长环境。同时，球形团聚体还能够有效地抵抗外力破坏，保持土壤结构的稳定性。

然而，不规则形状的团聚体则可能导致土壤中存在较大的空隙和裂缝。这些空隙和裂缝可能破坏土壤结构的稳定性，从而影响土壤的通气性和保水性。同时，过大的空隙可能导致空气和水分的快速流失，而裂缝则可能成为根系生长的障碍。因此，在设施蔬菜生产中，应尽量避免形成不规则形状的团聚体。

（4）团聚体的分布对土壤物理性质及作物生长的影响

团聚体在土壤中的分布也是土壤结构的重要方面。均匀的团聚体分布有利于作物根系的生长和发育，因为它们可以为根系提供均匀的生长空间和养分供应。这种均匀的分布方式有助于根系在土壤中均匀伸展和分布，提高作物对土壤养分的吸收和利用效率。同时，均匀的团聚体分布还能够改善土壤的通气性和排水性，为作物根系提供一个良好的生长环境。

然而，不均匀的团聚体分布则可能导致土壤中某些区域的通气性和保水性较差。这些区域可能成为作物生长的障碍，因为根系在这些区域可能无法获得足够的空气和水分。此外，不均匀的团聚体分布还可能导致土壤中养分分布的不均匀性，影响作物的养分吸收和利用。因此，在设施蔬菜生产中，应通过合理的土壤管理和耕作措施来优化团聚体的分布，为作物生长提供一个良好的土壤环境。

设施土壤的物理特性特别是土壤结构对设施蔬菜的生长、产量和品质具有重要影响。通过深入了解土壤结构的特点和影响因素，我们可以采取科学的土壤管理和耕作措施来优化土壤结构，为设施蔬菜的生长提供一个良好的土壤环境。这不仅可以提高作物的产量和品质，还可以增强土壤肥力和生态功能，实现设施蔬菜生产的可持续发展。例如，在实际生产中，我们可以通过添加有机物料、调节灌溉和排水等管理措施来优化土壤结构；通过合理的耕作和轮作制度来改善土壤通气性和保水性；通过科学施肥和养分管理来提高土壤肥力和养分利用效率等。这些措施的实施将有助于我们更好地管理和利用设施土壤资源，为设施蔬菜产业的健康发展提供有力保障。

2. 质地

设施土壤的质地是土壤物理性质的重要组成部分，它指的是土壤中不同粒径土壤颗粒的相对含量和组合方式。质地可以通过调配不同的土壤材料（如砂土、壤土、黏土等）来实现，以满足不同作物生长的需求。

不同质地的土壤对作物生长有不同的影响。砂质土壤主要由大颗粒组成，颗粒间空隙大，通气性良好，但保水能力差，容易干燥，肥力也相对较低。这种土壤适用于排水良好的地区，种植一些耐旱作物。壤质土壤颗粒大小适中，通气性和保水性都较好，肥力适中，适合大多数作物的生长。而黏质土壤颗粒细小，紧密排列，保水能力强，但通气性差，容易积水，肥力较高。这种土壤在湿润地区较为常见，种植一些耐湿作物较为适宜。

在设施农业中，为了满足不同作物对土壤质地的需求，可以通过添加不同比例的砂土、壤土和黏土等材料来调配土壤质地。例如，对于需要良好通气性的作物，可以适量增加砂土的比例；对于需要较强保水能力的作物，可以适量增加黏土的比例。此外，还可以通过深耕、翻土等农业管理措施来改善土壤质地，提高土壤肥力和作物产量。

3. 密度

设施土壤的密度是指单位体积土壤的质量，它反映了土壤的紧实程度。适宜的土壤密度对于作物根系的生长和发育至关重要。

过紧的土壤密度会限制作物根系的生长空间，影响根系对水分和养分的吸收。同时，过紧的土壤也会降低土壤中的气体交换效率，导致根系缺氧。相反，过松的土壤虽然通气性好，但保水能力较差，容易导致水分流失和干旱。

为了保持适宜的土壤密度，可以采取以下措施。

（1）适当耕作：通过耕作可以疏松土壤，降低土壤密度，增加土壤通气性和保水性。但过度耕作也会导致土壤结构破坏，因此需要合理掌握耕作深度和时间。

（2）添加有机物料：有机物料可以增加土壤的松散性，降低土壤密度。通过添加堆肥、秸秆等有机物料，可以改善土壤结构，提高土壤肥力和作物产量。

（3）控制灌溉：合理的灌溉可以保持土壤湿润，降低土壤密度。但过量灌溉会导致土壤积水，增加土壤密度，因此需要合理控制灌溉量和灌溉时间。

（二）化学特性

1. pH

设施土壤的 pH 是衡量土壤酸碱程度的重要参数，它直接影响土壤中微生物的活动、养分的有效性以及作物根系的正常生长。每种作物都有其适宜的 pH 范围，只有在适宜的 pH 条件下，作物才能充分吸收养分，根系正常发育，从而保证作物健康生长和高产。

过酸或过碱的土壤环境都会对作物生长产生不利影响。在酸性土壤中，铝、锰等有毒元素可能会被活化，对作物产生毒害作用；同时，磷、钙、镁等营养元素在酸性条件下容易与土壤中的氢离子结合形成难溶的化合物，降低其有效性。而在碱性土壤中，一些微量元素如铁、锰、锌等容易被土壤胶体吸附而失去活性，导致作物缺乏这些微量元素。

为了调节设施土壤的 pH，可以采取以下措施。

（1）添加石灰：对于酸性土壤，可以适量添加石灰等碱性物质，提高土壤 pH。

（2）添加硫酸铵等酸性肥料：对于碱性土壤，可以适量添加硫酸铵等酸性肥料，降低土壤 pH。

（3）种植耐酸碱作物：选择耐酸碱的作物品种进行种植，以适应土壤环境。

通过调节设施土壤的 pH，可以确保作物在适宜的土壤环境中生长，提高养分的有效性和作物产量。

2. 养分含量

设施土壤中的养分含量是指土壤中氮、磷、钾等主要营养元素以及微量元素的含量。这些养分是作物生长所必需的，其充足与否直接影响作物的生长和产量。

氮素是作物生长的主要营养元素之一，对作物的生长和产量有着至关重要的作用。磷素是作物根系发育和养分吸收的关键元素，对作物的生长和品质有着重要影响。钾素则参与作物体内多种酶的活性调节，对作物的抗逆性和品质有着重要影响。此外，微量元素如铁、锰、锌、铜等也对作物的生长和发育起着重要作用。

为了保持设施土壤中充足的养分含量，可以采取以下措施。

（1）施肥：通过施肥向土壤中补充所需的养分，以满足作物生长的需求。施肥应根据作物的需求和土壤养分状况进行科学合理的配比。

（2）秸秆还田：将作物秸秆等有机物料还田，增加土壤中的有机质含量，提高土壤肥力。

（3）轮作：通过轮作制度，利用不同作物对养分的吸收差异，调节土壤中养分的平衡。

通过采取以上措施，可以保持设施土壤中充足的养分含量，为作物生长提供充足的养分供应，从而提高作物的产量和品质。

设施土壤中的盐分含量是影响作物生长的重要因素之一。盐分含量过高会对作物造成毒害，抑制其正常生长和发育，甚至导致作物死亡。因此，控制设施土壤中的盐分含量在适宜范围内至关重要。

设施土壤中的盐分主要来自灌溉水、施肥和土壤本身的盐分。长期过量的灌溉和使用含有高浓度盐分的肥料，会导致土壤中盐分积累，进而形成盐渍化现象。盐渍化土壤对作物的危害主要表现在以下几个方面。

（1）生理干旱：盐分含量过高会降低土壤的渗透压，导致作物吸水困难，造成生理干旱。作物根系无法正常吸收水分和养分，进而影响其正常生长。

（2）养分吸收受阻：盐分含量过高会干扰作物对养分的吸收和利用。作物根系对氮、磷、钾等主要营养元素的吸收受到抑制，导致养分供应不足，影响作物生长和产量。

（3）离子毒害：盐分中的某些离子（如钠离子、氯离子等）对作物具有毒害作用。当土壤中的盐分含量超过作物耐受范围时，这些离子会在作物体内积累，导致离子毒害，损害作物细胞结构和功能。

为了降低设施土壤中的盐分含量，可以采取以下措施。

（1）合理灌溉：根据作物需求和土壤状况，合理控制灌溉量和灌溉时间。避免过量灌溉和频繁灌溉，以减少水分蒸发和盐分积累。

（2）排水措施：建立有效的排水系统，确保设施土壤中的多余水分能够及时排出。这有助于降低土壤中的盐分含量，改善土壤结构。

（3）使用淡水冲洗：对于盐分含量较高的土壤，可以采用淡水冲洗的方法。通过大量灌溉淡水，将土壤中的盐分溶解并随水排出，从而降低土壤中的盐分含量。

（4）选择耐盐作物品种：在盐渍化严重的地区，可以选择耐盐性较强的作物品种进行种植。这些作物品种能够在较高盐分含量的土壤中正常生长，减少盐分对作物生长的影响。

（5）合理施肥：根据作物需求和土壤养分状况，合理施肥。避免过量使用含有高浓度盐分的肥料，以减少土壤中盐分的积累。

（三）生物特性

1. 微生物群落

设施土壤中的微生物群落是土壤生态系统中的关键组成部分，对土壤肥力和作物生长具有不可或缺的作用。这些微生物群落包括细菌、真菌、放线菌等多种类群，它们通过参与土壤有机质的分解、养分的转化和循环等过程，为作物提供必要的养分和生长条件。

微生物群落的多样性和活性对土壤肥力和作物生长具有重要影响。多样性的微生物群落意味着土壤中具有更多的生态位和功能基因，能够更有效地分解和转化有机物质，提高土壤养分的有效性和利用率。同时，微生物群落的活性也反映了土壤中微生物的代谢和繁殖能力，直接影响土壤养分的转化速度和作物对养分的吸收能力。

为了维护和促进设施土壤中微生物群落的多样性和活性，可以采取以下措施。

（1）添加有机物料：有机物料是微生物的重要食物来源，通过添加有机物料可以增加土壤中有机质的含量，为微生物提供更多的养分和更适宜的生长环境。

（2）使用微生物菌剂：微生物菌剂中富含多种有益微生物，可以直接添加到土壤中，增加土壤中微生物的数量和种类，提高微生物群落的多样性和活性。

（3）合理的耕作和灌溉管理：合理的耕作和灌溉管理可以保持土壤的透气性和湿润度，为微生物提供良好的生长环境。

2. 酶活性

设施土壤中的酶活性是土壤生物活性的重要指标之一，它们直接参与土壤中有机物质的分解和转化过程，对土壤肥力和作物生长具有重要影响。

酶活性的高低反映了土壤中微生物的活动程度和养分转化的效率。高活性的酶能够更快速地分解和转化有机物质，提高土壤养分的有效性和利用率。同时，酶活性的提高也能够促进土壤中微生物的代谢和繁殖，进一步增加土壤中微生物的数量和种类，形成更加健康和稳定的土壤生态系统。

为了提高设施土壤中的酶活性，可以采取以下措施。

（1）添加有机物料：有机物料中含有丰富的酶源，通过添加有机物料可以增加土壤中酶的数量和种类，提高酶活性的整体水平。

（2）使用微生物菌剂：微生物菌剂中的有益微生物能够分泌多种酶类，通过添加微生物菌剂可以直接提高土壤中的酶活性。

（3）合理的施肥和灌溉管理：合理的施肥和灌溉管理可以保持土壤的适宜肥力和湿润度，为酶类提供良好的生长环境，进而促进酶活性的提高。

二、设施土壤常见问题与成因

设施土壤作为农业生产的重要基础，其质量状况直接影响到作物的生长和产量。然而，在实际生产过程中，设施土壤常常面临一系列问题，如土壤盐碱化、土壤板结、土壤养分失衡以及土壤生物活性降低等。这些问题不仅制约了作物的健康生长，还降低了农业生产的经济效益。以下是对这些问题的详细探讨及其成因分析。

（一）土壤盐碱化：成因与影响

土壤盐碱化是设施土壤中常见且严重的问题之一，其成因复杂多样，主要包括以下几个方面。

1. 过度施肥

在设施农业中，为了追求高产，农民往往大量施用化肥，尤其是氮肥和磷肥。然而，过量的化肥施入土壤中，会超过作物的吸收利用能力，剩余的盐分在土壤中逐渐积累，导致土壤盐碱化。

2. 不合理的灌溉

设施土壤中常采用传统的灌溉方式，如大水漫灌等，这不仅容易造成水分过量，还会破坏土壤团粒结构。在灌溉过程中，盐分随着毛细管水上升到土壤表层，并在蒸发作用下在土壤表层累积，形成盐碱化。

3. 设施农业环境

设施农业中的高温、高湿环境加速了土壤中有机质的分解，产生了大量的有机酸和腐植酸。这些酸性物质降低了土壤的缓冲能力，导致土壤酸化。在酸化环境下，土壤中的碱基离子容易被中和，使得土壤中的盐分更容易积累，从而加剧了盐碱化的形成。

土壤盐碱化对作物生长和土壤质量产生了严重的影响。盐碱化土壤中的高盐分环境对作物细胞造成渗透胁迫，影响作物的正常生理功能。同时，盐碱化还破坏了土壤结构，降低了土壤的通气性和透水性，进一步制约了作物的生长和发育。

（二）土壤板结：成因与危害

土壤板结是设施土壤中的另一个常见问题，其形成的主要原因有以下几个方面。

1. 长期使用化肥，有机肥不足

在设施土壤的管理过程中，农民为了追求短期的作物产量，往往选择使用大量的化肥来迅速提供养分。然而，化肥通常不仅不含有机物质，而且容易导致土壤中养分的失衡。与之相比，有机肥含有丰富的有机物质和微生物，能够改善土壤结构，增加土壤的通气性和保水性。但设施土壤中有机肥的施用往往不足，导致土壤中的有机质含量下降。有机质的减少影响了土壤微生物的活性，因为微生物需要有机物质作为食物来源。微生物活动的减弱进一步影响了土壤结构的稳定性和通透性，最终导致土壤板结。

2. 土壤质地问题

设施土壤中的土壤质地可能因其来源和形成过程而有所差异。如果土壤质地过于黏重，即土壤中含有较多的黏土矿物，那么土壤的孔隙度会相对较小，通气性和透水性也会较差。黏土矿物颗粒之间的结合力强，容易形成紧密的结构，导致土壤板结。这种土壤在水分过多或受到压力时，颗粒之间的间隙会变得更小，形成硬实的板结层。

3. 耕作方式不当

耕作是管理土壤的重要手段之一，但不当的耕作方式会破坏土壤结构，导致土壤板结。过度耕作会使土壤颗粒受到过度的机械压迫，破坏土壤的自然结构，

使土壤颗粒紧密排列，减少土壤孔隙度。机械耕作过深会打乱土壤层次，破坏土壤中的团聚体结构，使土壤变得松散而易于板结。此外，频繁使用重型农机进行耕作也会对土壤造成压实，减少土壤的孔隙度，导致土壤板结。

土壤板结对作物的生长和土壤质量产生了显著的危害。板结的土壤通气性和透水性差，影响了作物根系的呼吸作用和对养分的吸收。同时，板结还降低了土壤的保水能力和抗旱性能，增加了作物受旱的风险。此外，板结土壤中的微生物活性降低，土壤生态系统的平衡被破坏，进一步制约了作物的生长和发育。

（三）土壤养分失衡：成因与影响

土壤养分失衡是设施土壤中常见的问题之一，成因主要有以下几个方面。

1. 不合理的施肥

在设施农业中，农民往往只重视某一种或几种营养元素的施用，而忽视了其他必需的营养元素。这种施肥不均衡的做法导致了土壤养分的失衡。例如，过量施用氮肥会导致土壤中磷、钾等元素的相对缺乏；而长期不施用有机肥则会导致土壤中微量元素的缺乏。

2. 酸碱度失衡

土壤的酸碱度对营养元素的溶解性和有效性有显著影响。如果土壤的酸碱度不适中，一些营养元素可能会沉淀或挥发，导致营养失衡。例如，在酸性土壤中，钙、镁等碱性元素容易流失；而在碱性土壤中，铁、锌等微量元素的有效性会降低。

3. 作物连作障碍

在设施蔬菜生产中，连续种植同一种作物会导致土壤中的特定养分被过度消耗。例如，某些蔬菜对氮、磷、钾等元素的需求较高，连续种植这些蔬菜会导致土壤中这些元素的缺乏。而其他养分则可能相对过剩，造成养分失衡。

土壤养分失衡对作物的生长和产量产生了显著的影响。养分失衡会导致作物生长发育不良，出现叶片黄化、生长迟缓等症状。同时，养分失衡还会降低作物的抗逆性和抗病能力，增加作物受病虫害的风险。此外，养分失衡还会影响作物的品质和产量，降低农业生产的经济效益。

（四）土壤生物活性降低：成因与后果

土壤生物活性是土壤质量的重要指标之一，它反映了土壤中微生物的繁殖和活动状况。然而，在设施土壤中，土壤生物活性常常降低，其成因主要包括以下几个方面。

1. 土壤盐碱化和板结

如前所述，土壤盐碱化和板结会破坏土壤结构，影响土壤通气性和透水性。这些不利条件降低了土壤微生物的生存环境质量，导致土壤生物活性降低。在盐碱化和板结的土壤中，微生物的数量和种类都会减少，其代谢活动也会受到抑制。

2. 过度耕作和化学农药使用

过度耕作会破坏土壤微生物的生存环境，抑制微生物的繁殖和活动。而化学农药的使用则会直接杀灭或抑制土壤中的微生物，进一步降低土壤生物活性。这些不利因素破坏了土壤生态系统的平衡，使得土壤中的有益微生物数量减少，而有害微生物则可能趁机繁殖。

3. 土壤养分失衡

土壤养分失衡不仅影响作物的生长和发育，还会影响微生物的生长和繁殖。在养分失衡的土壤中，微生物可能无法获得足够的养分来维持其正常的生命活动。同时，养分失衡也会影响作物根系的活性，进一步降低土壤生物活性。作物根系是土壤微生物的重要食物来源之一，根系活性的降低会减少微生物的食物供应，从而影响其繁殖和活动。

土壤生物活性的降低对作物的生长和土壤质量产生了严重的后果。微生物在土壤中扮演着重要的角色，它们参与养分的循环和转化、有机物的分解和合成等过程。土壤生物活性的降低会导致这些过程的受阻，影响作物的养分吸收和利用。同时，土壤生物活性的降低还会破坏土壤生态系统的平衡，使得土壤中的病虫害问题更加严重。此外，土壤生物活性的降低还会影响土壤的保水能力和抗旱性能，降低土壤的肥力和生产力。

三、设施土壤改良技术

设施土壤的改良技术是为了改善土壤的物理、化学和生物特性，以提高土壤肥力和作物产量。

（一）物理改良

物理改良技术是用于改变土壤的物理性质和结构，以改善土壤通气性、保水性等关键特征，从而营造一个对作物生长更为有利的土壤环境。以下是常用的物理改良技术及对其细化说明。

1. 深翻

深翻是一种重要的物理改良措施，旨在打破土壤表层的紧密结构，将深层的养分和有机质翻至表层。通过深耕或深松设备，可以将土壤翻耕至一定深度，通常在 20 厘米至 30 厘米，有时甚至可以更深。

作用：深翻可以显著打破土壤板结情况，增加土壤的孔隙度和通透性，有助于根系深入土壤，提高作物对养分的吸收效率。同时，深翻还能将深层养分翻至表层，提高养分的有效性。

注意事项：深翻时要根据土壤质地和作物需求合理确定翻耕深度，避免过度翻耕导致土壤结构破坏。同时，深翻后应及时进行平整和镇压，以保持良好的土壤结构。

2. 松土

松土是在作物生长期间对土壤进行疏松处理，以改善土壤的通气性和保水性。松土可以通过机械或人工方式进行。

作用：松土可以有效减轻土壤板结的程度，增加土壤的孔隙度，改善土壤的通气性和保水性。这有助于作物根系的呼吸和生长，提高作物的抗逆性和产量。

操作技巧：松土时要根据土壤湿度和作物生长阶段选择合适的松土时间和深度。避免在土壤过湿或过干时进行松土，以免破坏土壤结构或导致土壤干旱。同时，松土深度要适中，以免损伤作物根系。

3. 覆盖

覆盖技术是在土壤表面覆盖一层有机物或无机物，如秸秆、塑料薄膜等，以改善土壤环境。

作用：覆盖可以有效减少土壤水分的蒸发和养分的流失，保持土壤湿润和养分充足。同时，覆盖还能抑制杂草的生长，减少杂草对作物的竞争。此外，覆盖还能提高土壤温度，促进作物生长。

材料选择：覆盖材料的选择要根据作物需求、土壤条件和气候条件进行。秸秆等有机覆盖物可以增加土壤有机质含量，改善土壤结构；而塑料薄膜等无机覆盖物则具有较好的保温保湿效果。

注意事项：在使用覆盖技术时，要注意及时清理覆盖物上的杂草和残留物，保持覆盖物的清洁和有效。同时，要注意覆盖物的厚度和覆盖时间，避免过度覆盖导致土壤透气性下降或土壤温度过高。

（二）化学改良

化学改良技术是通过添加特定的化学物质来调整和改善土壤的化学性质，进而提升土壤肥力和作物产量。以下是化学改良技术中两个重要的方面。

1. 调节 pH

土壤 pH 是衡量土壤酸碱度的重要指标，对作物生长和养分有效性具有显著影响。当土壤 pH 失衡时，需要通过添加化学改良剂来调节。

酸性土壤：酸性土壤通常指 pH 低于 6.0 的土壤。这类土壤中的铝、锰等金属离子活性过高，对作物根系产生毒害作用。为了调节酸性土壤，可以添加石灰（如生石灰、熟石灰等）等碱性物质。石灰中的钙离子能中和土壤中的氢离子，降低土壤酸性，提高 pH。

碱性土壤：碱性土壤指 pH 高于 8.5 的土壤。这类土壤中钙、镁等阳离子含量过高，容易形成难溶性的盐类，降低土壤肥力。为了降低碱性土壤的 pH，可以添加石膏（硫酸钙）等酸性物质。石膏中的硫酸根离子能与土壤中的钙离子结合，生成硫酸钙沉淀，降低土壤中钙离子的浓度，从而降低土壤的 pH。

注意事项：在调节土壤 pH 时，需要准确测定土壤的原始 pH，并根据作物需求和土壤条件确定改良剂的种类和用量。过量添加改良剂可能导致土壤 pH 过度变化，对作物生长产生不利影响。

2. 添加石灰或石膏

除了调节 pH，石灰和石膏还可以作为土壤改良剂，直接添加到土壤中改善土壤性质。

石灰：石灰是一种常用的碱性土壤改良剂。除调节土壤 pH 外，石灰还能改善土壤结构，提高土壤通气性和保水性。石灰中的钙离子能与土壤中的黏土颗粒结合，形成更稳定的土壤团聚体，提高土壤的物理性质。同时，石灰还能促进土壤微生物的活动，提高土壤肥力。

石膏：石膏主要用于降低土壤的盐碱度。在盐碱化土壤中，石膏中的硫酸根离子能与土壤中的钠离子结合，生成硫酸钠沉淀，从而降低土壤中的钠离子浓度。此外，石膏还能提供钙离子等必需营养元素，满足作物生长的需求。

应用方法：石灰和石膏通常以粉末或颗粒状的形式添加到土壤中。在添加前，需要将其与土壤充分混合，以确保均匀分布。添加量应根据土壤性质、作物需求和气候条件等因素确定。在添加后，需要及时灌溉以促进改良剂与土壤的充分反应。

（三）生物改良

生物改良是一种利用生物技术和生物资源来增强土壤生物活性、改善土壤结构和提高土壤肥力的方法。这种改良方式有助于维持土壤的健康状态，促进作物生长，提高作物产量。以下是生物改良的两个主要方面。

1. 引入有益微生物

通过接种有益微生物菌剂或施加生物有机肥，可以显著增加土壤中微生物的数量和种类，提高土壤的生物活性。这些有益微生物包括固氮菌、磷解菌、钾解菌等，它们能够参与土壤有机质的分解和转化过程，为作物提供必需的养分。

（1）固氮菌：固氮菌能将空气中的氮气转化为植物可吸收的氨态氮，为作物提供氮素营养。通过接种固氮菌，可以减少对化学氮肥的依赖，降低生产成本。

（2）磷解菌：磷解菌能够分解土壤中难以被植物直接吸收的磷化合物，释放出有效磷，提高土壤磷素的利用率。这对于在磷素缺乏的土壤中种植的作物尤为重要。

（3）钾解菌：钾解菌能够分解土壤中的钾矿石和含钾化合物，释放出钾离子，供作物吸收利用。钾是作物生长所必需的养分，对提高作物产量和品质具有重要作用。

在引入有益微生物时，需要注意选择合适的菌剂类型和用量，以及适当的施用方法，确保微生物能够在土壤中有效存活和繁殖。此外，还需要注意与其他农业管理措施相配合，以充分发挥有益微生物的作用。

2. 使用生物肥料

生物肥料是一种利用有益微生物的代谢产物或分解物作为养分的肥料。与传统的化学肥料相比，生物肥料含有丰富的有机质和微生物活性物质，具有多种优点。

（1）改善土壤结构：生物肥料中的有机质可以增加土壤的疏松度和通气性，改善土壤的物理性质。同时，微生物的代谢活动还能促进土壤团聚体的形成，提高土壤的稳定性。

（2）提高土壤肥力：生物肥料中的微生物能够分解有机物质，释放出大量的养分供作物吸收。这些养分包括氮、磷、钾等多种元素，能够满足作物生长的需求。

（3）促进作物生长：生物肥料中的微生物活性物质可以刺激作物根系的生长和发育，增强作物的抗逆性和适应性。同时，生物肥料还能促进作物对养分的吸收和利用，提高作物的产量和品质。

在使用生物肥料时，需要根据作物的需求和土壤条件选择合适的肥料类型和用量。同时，还需要注意肥料的施用时间和方法，以确保肥料能够充分发挥作用。通过合理使用生物肥料，可以减少作物对化学肥料的依赖，降低环境污染，实现农业生产的可持续发展。

第二节　合理施肥原则与方法

一、施肥的基本原则

设施蔬菜生产作为现代农业的重要组成部分，其高效、集约化的特点使得施肥管理显得尤为重要。平衡施肥、适时施肥与适量施肥是设施蔬菜生产中施肥管理的三大核心策略，它们共同构成了科学施肥的基石，对于提高蔬菜产量、品质和土壤肥力，以及维护生态平衡具有至关重要的作用。

（一）平衡施肥

平衡施肥是一种基于作物养分需求和土壤养分供应能力的科学施肥方法。在设施蔬菜生产中，由于作物生长环境相对封闭，土壤养分状况更易受到人为管理的影响，因此平衡施肥显得尤为重要。

1. 作物养分需求

设施蔬菜种类繁多，不同蔬菜在生长过程中对氮、磷、钾等养分的需求比例和总量各不相同。例如，叶菜类蔬菜如菠菜、生菜等，生长迅速，对氮肥需求较高；而果菜类蔬菜如番茄、黄瓜等，在开花结果期对磷肥和钾肥的需求更为敏感。因此，在施肥前，必须深入了解所种植蔬菜的养分需求特性，确保施肥方案与作物需求相匹配。

2. 测试土壤，科学补充

土壤是作物养分的主要来源，土壤中的养分含量和比例是平衡施肥的重要依据。设施蔬菜生产中，由于长期高强度种植和频繁施肥，土壤养分状况易发生变化。因此，需要定期进行土壤测试，了解土壤中各种养分的含量和供应能力，从而确定需要补充的养分种类和数量。

3. 微量元素：不可或缺，适量补充

除了氮、磷、钾等主要营养元素，设施蔬菜还需要一些微量元素如铁、锌、

铜、锰等来维持正常的生长和发育。这些微量元素在土壤中的含量通常较低，但作用却至关重要。例如，缺铁会导致蔬菜叶片黄化，缺锌会影响蔬菜的生长发育。因此，在平衡施肥时，也需要考虑补充适量的微量元素。

4．平衡施肥的益处

通过平衡施肥，可以确保设施蔬菜能够全面、均衡地吸收所需养分，提高蔬菜的生长速度和产量。同时，平衡施肥也有助于保持土壤的肥力和生态平衡，减少因养分失衡导致的土壤退化和环境污染问题。

（二）适时施肥

适时施肥是根据作物的生长阶段和养分需求时间，选择合适的施肥时期。设施蔬菜的生长过程通常分为苗期、生长期、开花期和结果期等几个关键阶段。在每个阶段，蔬菜对养分的需求量和需求种类都有所不同。

1．苗期

在苗期，设施蔬菜主要需要氮、磷等养分来促进根系和叶片的生长。此时，可以适量施用氮肥和磷肥，为蔬菜提供充足的养分支持。氮肥有助于叶片的生长和光合作用的进行，而磷肥则能促进根系的发育和养分的吸收。

2．生长期

生长期是设施蔬菜生长最旺盛的时期，对养分的需求量也最大。此时，需要增加氮肥和钾肥的施用量，以满足蔬菜快速生长的需要。氮肥能促进叶片的扩展和光合作用的增强，而钾肥则有助于提高蔬菜的抗逆性和品质。

3．开花期和结果期

在开花期和结果期，设施蔬菜需要磷、钾等养分来促进花芽分化和果实成熟。此时，应适量增加磷肥和钾肥的施用量，确保蔬菜正常开花和结果。磷肥能促进花芽的形成和开花过程，而钾肥则有助于提高果实的品质和产量。

4．适时施肥的益处

通过适时施肥，可以确保设施蔬菜在关键生长时期获得足够的养分支持，提高养分的利用效率。这不仅能提高蔬菜的产量和品质，还能减少因养分供应不足或过量导致的生长障碍和品质下降问题。

（三）适量施肥

适量施肥是避免过量施肥导致养分浪费和环境污染的重要原则。在设施蔬菜生产中，过量施肥不仅会增加生产成本，还会导致土壤中养分的累积和流失，甚至可能对环境造成污染。

1. 确定施肥量

在施肥前，需要根据设施蔬菜的养分需求和土壤的实际养分状况，合理确定施肥量。这可以通过土壤测试和作物养分需求分析等方法来实现。土壤测试可以提供土壤中各种养分的含量和供应能力信息，而作物养分需求分析则可以根据蔬菜的生长阶段和预期产量来确定所需的养分种类和数量。

2. 避免过量施肥

过量施肥会导致土壤中养分的累积和流失，甚至可能对环境造成污染。因此，在施肥过程中，需要严格控制施肥量，避免过量施肥。这可以通过采用精确的施肥技术和管理措施来实现，如使用测土配方施肥技术、调整施肥时期和施肥方式等。

3. 定期监测，及时调整

在设施蔬菜生长过程中，需要定期监测土壤的养分状况和蔬菜的生长情况。通过监测土壤养分含量和蔬菜的生长量、叶片颜色等指标，可以及时了解养分供应是否充足或过量。根据监测结果，可以及时调整施肥方案，确保蔬菜获得适量的养分供应。

4. 适量施肥的益处

通过适量施肥，可以确保设施蔬菜获得适量的养分供应，提高养分的利用效率。这不仅能降低生产成本，提高经济效益，还能减少因过量施肥导致的土壤退化和环境污染问题。同时，适量施肥也有助于保持土壤的肥力和生态平衡，为设施蔬菜的可持续生产创造良好条件。

（四）设施蔬菜施肥的综合策略与实践

在设施蔬菜生产中，施肥是一项至关重要的管理措施，它直接关系到蔬菜的产量、品质和土壤肥力。为了实现科学施肥，提高肥料利用率，减少环境污染的目的，我们需要制定并实施综合的施肥策略。以下将详细阐述设施蔬菜施肥的综合策略与实践，包括综合策略的制定与实施、施肥技术的创新与应用以及施肥管理的优化与提升。

1. 综合策略的制定与实施

制定设施蔬菜的施肥策略时，我们需要综合考虑多个因素，以确保施肥的科学性和有效性。

（1）作物养分需求

不同的蔬菜作物对养分的需求存在差异。因此，在制定施肥策略时，我们首先要了解所种植蔬菜的养分需求特点，包括大量元素（如氮、磷、钾）和微量元素（如铁、锌、铜等）的需求。通过土壤测试和叶片分析等方法，我们可以了解土壤中的养分含量和作物的养分吸收情况，从而为制定合理的施肥策略提供依据。

（2）土壤养分状况

土壤是作物养分的主要来源，因此了解土壤的养分状况对于制定施肥策略至关重要。我们需要定期检测土壤的养分含量，包括有机质、全氮、有效磷、速效钾以及微量元素的含量。根据土壤养分状况，我们可以确定是否需要补充养分以及补充哪种养分。

（3）微量元素需求

虽然微量元素在作物生长过程中的需求量较少，但它们对作物的生长发育和品质形成具有重要影响。因此，在制定施肥策略时，我们也需要考虑微量元素的供应。通过施用含有微量元素的肥料或微量元素专用肥料，可以满足作物对微量元素的需求。

（4）施肥时期和施肥量

施肥时期和施肥量的确定也是制定施肥策略的重要环节。我们需要根据蔬菜的生长周期和养分需求规律，确定最佳的施肥时期和施肥量。一般来说，蔬菜生长初期需要较多的氮肥以促进植株生长，而生长后期则需要较多的磷肥和钾肥以促进果实发育和品质提升。同时，我们还需要根据土壤的养分状况和蔬菜的产量目标来确定合理的施肥量。

通过综合考虑以上因素，我们可以制定出科学合理的施肥策略。在实际生产中，我们可以采用平衡施肥的方法，即根据土壤的养分状况和作物的养分需求，合理搭配不同种类的肥料，以确保蔬菜获得全面、均衡的养分供应。同时，我们还需要注意适时施肥和适量施肥，以满足蔬菜不同生长阶段的养分需求并避免养分浪费和环境污染。

2. 施肥技术的创新与应用

在设施蔬菜生产中，施肥技术的创新与应用是实现科学施肥的重要途径。以下是一些创新的施肥技术及其在设施蔬菜生产中的应用。

（1）水肥一体化技术

水肥一体化技术是一种将灌溉与施肥相结合的施肥技术。通过滴灌、喷灌等灌溉系统，将肥料溶解在水中并直接输送到作物的根部，实现了养分的高效利用和节水灌溉。这种技术可以根据作物的养分需求和土壤的水分状况进行精准的施肥和灌溉，提高了肥料的利用率并减少了水资源的浪费。在设施蔬菜生产中，我们可以根据蔬菜的生长周期和养分需求规律，制订合理的灌溉和施肥计划，并采用水肥一体化技术进行实施。

（2）生物有机肥和微生物菌肥的应用

生物有机肥和微生物菌肥是一种新型的肥料，它们含有丰富的有机质和微生物菌群，可以改善土壤结构和提高土壤肥力。通过施用生物有机肥和微生物菌肥，我们可以增加土壤的有机质含量，提高土壤的保水保肥能力，并为作物提供全面的养分供应。同时，微生物菌群还可以促进土壤的微生物活动，增加土壤的生物活性，有利于作物的生长和发育。在设施蔬菜生产中，我们可以将生物有机肥和微生物菌肥作为基肥或追肥施用，以提高土壤的肥力和蔬菜的产量和品质。

（3）智能施肥系统的应用

随着信息技术的发展，智能施肥系统在设施蔬菜生产中的应用也越来越广泛。智能施肥系统可以根据作物的养分需求和土壤的水分状况进行精准的施肥和灌溉，并实现了自动化管理。通过智能施肥系统，我们可以实时监测土壤的养分状况和作物的生长情况，并根据监测结果进行精准的施肥和灌溉。这种技术不仅提高了肥料的利用率，还减少了人力资源的投入，提高了设施蔬菜生产的效益。

3．施肥管理的优化与提升

除了施肥策略和技术，施肥管理的优化与提升也是实现设施蔬菜科学施肥的关键环节。以下是一些优化施肥管理的措施。

（1）制订合理的施肥计划

制订合理的施肥计划是实现科学施肥的基础。我们需要根据蔬菜的生长周期、养分需求规律以及土壤的养分状况，制订出合理的施肥计划。施肥计划应包括施肥时期、施肥量、肥料种类以及施肥方式等内容，并根据实际情况进行适时调整。通过制订合理的施肥计划，我们可以确保蔬菜在不同生长阶段获得充足的养分供应，提高蔬菜的产量和品质。

（2）加强施肥过程的监管和评估

在施肥过程中，我们需要加强监管和评估，以确保施肥计划的有效实施。我们可以通过定期检测土壤的养分状况和作物的生长情况，评估施肥效果并进行适时调整。同时，我们还需要对施肥过程进行记录和管理，包括施肥时间、施肥量、肥料种类以及施肥方式等，以便对施肥效果进行追溯和评估。

（3）提高施肥人员的专业素质和技术水平

施肥人员的专业素质和技术水平也是实现科学施肥的重要因素。我们需要加强对施肥人员的培训和管理，提高他们的专业素质和技术水平。通过培训，我们可以使施肥人员了解蔬菜的养分需求特点、土壤的养分状况以及施肥技术和方法，提高他们的施肥技能和管理能力。同时，我们还需要建立激励机制，鼓励施肥人员积极学习和掌握新的施肥技术和方法，提高设施蔬菜生产的效益。

设施蔬菜施肥的综合策略与实践包括策略的制定与实施、施肥技术的创新与应用以及施肥管理的优化与提升三个方面。通过综合考虑作物养分需求、土壤养分状况、微量元素需求以及施肥时期和施肥量等因素，我们可以制定出科学合理的施肥策略。同时，通过采用创新的施肥技术如水肥一体化技术、生物有机肥和微生物菌肥的应用以及智能施肥系统的应用等，我们可以实现养分的高效利用和节水灌溉并提高设施蔬菜生产的效益。最后，通过优化施肥管理如制订合理的施肥计划、加强施肥过程的监管和评估以及提高施肥人员的专业素质和技术水平等措施，我们可以确保施肥策略的有效实施和技术的高效应用并为设施蔬菜生产的可持续发展提供有力保障。

二、施肥方法

（一）基肥施用

基肥施用是作物种植前的重要步骤，它涉及在播种或移栽前将肥料均匀施入土壤中，为作物提供初期生长所需的基础养分。以下是基肥施用的细化内容。

1. 土壤肥力评估

在施用基肥前，需要对土壤进行肥力评估，了解土壤中各种养分的含量和供应能力。这通常通过土壤测试来实现，包括测定土壤的pH、有机质含量、氮、磷、钾等主要养分的含量。

2. 肥料选择

根据土壤肥力和作物需求，选择适合的肥料种类。常见的基肥包括有机肥（如农家肥、堆肥等）和无机肥（如复合肥、尿素等）。有机肥料富含有机质和微生物，有助于改善土壤结构；无机肥料则提供快速可吸收的养分。

3. 施肥量确定

根据土壤测试结果和作物需求，合理确定基肥的施用量。过量施肥可能导致养分浪费和环境污染，而施肥不足则会影响作物生长。因此，需要综合考虑土壤肥力和作物需求，制定科学的施肥方案。

4. 施肥方法

基肥的施用方法包括撒施、沟施、穴施等。撒施是将肥料均匀撒在土壤表面，然后翻耕入土；沟施和穴施则是将肥料施入土壤中的沟或穴中，然后覆土。不同的施肥方法适用于不同的作物和土壤条件，需要根据实际情况进行选择。

5. 施肥时间

基肥的施用时间通常在播种或移栽前进行，以确保作物在生长初期能够获得足够的养分支持。对于一些生长周期较长的作物，可能需要在生长过程中适时进行追肥。

通过基肥施用，可以为作物生长提供稳定的养分来源，促进作物的早期生长和发育，为作物的健康生长和高产奠定基础。

（二）追肥施用

追肥施用是在作物生长过程中，根据作物生长状况和养分需求，进行补充施肥的过程。

1. 生长阶段评估

在追肥前，需要对作物的生长阶段进行评估，了解作物当前的生长状况和养分需求。这通常通过观察作物的生长情况、叶片颜色、根系发育等指标来实现。

2. 养分需求分析

根据作物的生长阶段和养分需求，分析作物当前缺乏的养分种类和数量。这可以通过土壤测试和作物叶片分析等方法来实现。

3. 肥料选择

根据养分需求分析结果，选择适合的肥料种类。对于氮素缺乏的作物，可以选择氮肥；对于磷、钾缺乏的作物，可以选择磷肥和钾肥。此外，还可以选择复合肥等综合性肥料，以满足作物对多种养分的需求。

4. 施肥量和时期确定

根据作物的养分需求和土壤肥力状况，合理确定追肥的施肥量和施肥时期。施肥量应根据作物需求和土壤供应能力进行调整，避免过量施肥和养分浪费。施肥时期应选择在作物对养分需求最旺盛的时期进行，以确保养分能够及时被作物吸收利用。

5. 施肥方法

追肥的施用方法包括撒施、沟施、滴灌等。撒施是将肥料均匀撒在作物根部附近的地面上，然后浇水使肥料溶解并被作物吸收；沟施是将肥料施入作物根部的沟中，然后覆土；滴灌则是通过灌溉系统将肥料溶解后直接输送到作物根部。不同的施肥方法适用于不同的作物和土壤条件，需要根据实际情况进行选择。

通过追肥施用，可以及时补充作物生长所需的养分，确保作物健康生长和高产。同时，还可以根据作物生长状况进行适时调整，提高养分的利用效率。

（三）叶面施肥

叶面施肥是通过叶面喷施的方式，将肥料直接喷洒在作物叶片上，为作物提供养分的施肥方法。

1. 肥料选择

叶面施肥的肥料种类通常为液态肥料，如叶面肥、微量元素肥等。这些肥料容易被作物叶片吸收，并快速进入作物体内参与代谢过程。

2. 浓度控制

叶面施肥时需要注意肥料的浓度控制。过高的肥料浓度可能导致叶片灼伤，而过低的浓度则可能无法满足作物对养分的需求。因此，需要根据肥料的种类和作物的需求，合理控制肥料的浓度。

3. 喷施时间和频率

叶面施肥的喷施时间和频率应根据作物的生长阶段和养分需求进行调整。一般来说，在作物生长旺盛期、养分需求量大时，应适当增加喷施频率；而在作物生长缓慢期、养分需求量小时，则可以适当减少喷施频率。

4. 喷施技术

叶面施肥的喷施技术包括喷雾压力、喷雾角度、喷雾距离等。这些技术参数会影响肥料的覆盖范围和吸收效果。因此，需要选择合适的喷施技术，确保肥料能够均匀喷洒在作物叶片上，并被作物充分吸收。

叶面施肥时需要注意避免在晴天中午高温时段进行喷施，以免由于肥料蒸发过快导致叶片灼伤。

三、施肥技术

（一）精准施肥

精准施肥是现代农业中的重要施肥技术，它利用先进的信息技术实现对作物和土壤的精准管理和定量施肥。

1. 技术工具

精准施肥依赖于地理信息系统（GIS）、遥感技术（RS）、全球定位系统

（GPS）等现代技术工具。这些工具能够准确获取作物生长状况、土壤养分含量等关键信息。

2. 数据收集

数据收集是通过无人机、卫星遥感等手段收集作物的生长数据，结合 GIS 技术，对农田进行分区管理，明确各区域的作物种类、生长阶段和养分需求。

3. 土壤测试

土壤测试是利用 GPS 定位技术，对农田土壤进行定点测试，获取土壤中的养分含量、pH 等关键信息，为精准施肥提供依据。

4. 施肥决策

施肥决策是基于收集到的作物和土壤数据，利用农业专家系统或数据分析模型，制定精准施肥方案，包括肥料种类、施肥量、施肥时间等。

5. 实施监控

实施监控是在施肥过程中，通过实时监测设备和技术手段，对施肥效果进行监控和评估，及时调整施肥方案，确保肥料在时间和空间上的合理分配。

通过精准施肥，可以显著提高养分的利用效率，减少养分的浪费和环境污染，同时实现作物的高产和优质。

（二）缓释肥料使用

缓释肥料是一种能够缓慢释放养分的肥料，其养分释放速度可以根据作物生长需求进行调控。以下是缓释肥料使用的细化内容。

1. 肥料选择

根据作物种类、生长阶段和土壤条件，选择适合的缓释肥料。不同的缓释肥料具有不同的养分释放速度和释放量，需要根据实际情况进行选择。

2. 施肥量确定

根据作物需求和土壤养分状况，合理确定缓释肥料的施肥量。施肥量不宜过多或过少，过多可能导致养分浪费和环境污染，过少则无法满足作物生长需求。

3．施肥方法

缓释肥料的施肥方法包括撒施、沟施、穴施等。不同的施肥方法适用于不同的作物和土壤条件，需要根据实际情况进行选择。

4．养分释放调控

缓释肥料的养分释放速度可以通过添加抑制剂或包膜等方式进行调控。在实际应用中，需要根据作物生长需求和土壤条件，选择合适的养分释放速度。

通过使用缓释肥料，可以减少养分的流失和挥发，提高养分的利用效率，同时降低生产成本和劳动强度。

（三）灌溉施肥一体化

灌溉施肥一体化是将灌溉和施肥相结合的一种施肥方式。

1．系统组成

灌溉施肥一体化系统包括灌溉系统、肥料溶解系统、控制系统等。灌溉系统负责将水输送到作物根部，肥料溶解系统负责将肥料溶解成液体肥料，控制系统负责控制灌溉和施肥的时机和量。

2．肥料选择

选择适合灌溉施肥的肥料种类，如水溶性肥料、液体肥料等。这些肥料能够迅速溶解在水中，并通过灌溉系统输送到作物根部。

3．水肥配比

根据作物需求和土壤条件，合理确定水肥配比。通过调整肥料浓度和灌溉量，确保作物获得适量的养分和水分。

4．定时定量控制

利用控制系统对灌溉和施肥进行定时定量控制，确保作物在关键生长时期获得足够的养分支持。同时，可以根据作物生长状况和土壤条件进行适时调整。

通过灌溉施肥一体化，可以实现水肥同施，提高养分的利用效率，减少养分的流失和浪费。同时，还可以节省水资源和劳动力成本，实现节水、节肥、高产的农业发展目标。

第三节　有机与无机肥料的配合使用

一、有机肥料的特点与选择

（一）特点

1. 养分全面

有机肥料作为作物生长的养分来源，其含有丰富的氮、磷、钾等大量元素，这些元素是作物进行光合作用、能量代谢、物质合成等生命活动所必需的基础物质。除了这些大量元素，有机肥料还含有多种微量元素，如钙、镁、硫、铁、锌、铜等，这些微量元素在作物生长过程中同样发挥着不可或缺的作用，它们参与作物的多种生理过程，对提升作物的产量和品质具有重要影响。

全面的养分供应意味着作物在生长过程中能够获得均衡的营养，这有助于作物健康生长，提高作物的生长速度和抗逆性，使作物在面对干旱、病虫害等逆境时能够有更好的抵抗力。

2. 肥效持久

与无机肥料相比，有机肥料中的养分释放速度相对较慢，这使得其肥效更加持久。有机肥料通常以缓慢而稳定的方式为作物提供养分，这种持久的肥效有助于满足作物在生长过程中长期、稳定的养分需求。由于养分释放的缓慢，作物能够持续吸收养分，避免因养分供应不足而导致的生长受限。

此外，肥效持久的特性还有助于减少养分的流失和浪费。在无机肥料中，由于养分释放速度较快，作物在吸收养分的同时，部分养分可能通过淋溶、挥发等途径流失到环境中，造成资源浪费和环境污染。而有机肥料中的养分释放缓慢，减少了养分的流失和浪费，提高了养分的利用效率。

3. 改善土壤结构

有机肥料是土壤有机质的重要来源之一。有机质是土壤的重要组成部分，对土壤的物理性状具有显著影响。有机肥料中的有机质可以增加土壤的团粒结构，改善土壤的通透性、保水性和保肥性，提高土壤的肥力和作物的生长环境。

有机肥料中的微生物和酶类还可以促进土壤的生物活性。这些微生物和酶类能够分解有机物质，释放出更多的养分供作物吸收利用。同时，它们还能够促进土壤中其他微生物的繁殖和活动，进一步提高土壤的生物活性。这些生物活性高的土壤具有更好的自我修复能力，能够抵御外界环境的干扰和破坏，保持土壤的健康和稳定。

（二）选择：基于作物需求的有机肥料考量

在选择有机肥料时，首要且核心的考虑因素是作物的养分需求。这是因为，不同作物在其生长周期中，由于生理特性和生长环境的差异，对养分的需求呈现出显著的不同。因此，为了确保作物的健康生长和高产高质，我们必须根据作物的特定需求来精心选择肥料。

（1）蔬菜类作物：养分需求的细致解析与肥料选择

蔬菜类作物作为人们日常饮食中的重要组成部分，其生长过程中的养分需求尤为值得关注。这类作物通常需要较多的磷和钾元素来促进果实和根部的发育。磷元素在植物体内起着能量传递和物质代谢的关键作用，对蔬菜的根系生长和果实发育具有显著影响。而钾元素则主要参与植物的水分平衡和渗透调节，对提高蔬菜的抗逆性和品质有着重要作用。

因此，在选择有机肥料时，我们应特别关注肥料中磷和钾的含量。通过选择富含这些元素的肥料，我们可以为蔬菜提供充足的养分支持，促进其健康生长和发育。例如，骨粉和磷矿粉等富含磷元素的肥料，以及草木灰和钾矿粉等富含钾元素的肥料，都是蔬菜类作物有机肥料选择的优选。

同时，我们还需要注意肥料中氮元素的含量。虽然蔬菜对氮元素的需求相对较低，但氮元素作为植物体内蛋白质、叶绿素和酶等重要物质的组成部分，对蔬菜的生长和产量也有着一定影响。因此，在选择肥料时，我们应确保肥料中的氮、磷、钾元素含量均衡，以满足蔬菜的全面养分需求。

（2）特殊作物需求：微量元素的考量与肥料选择

除了常见的蔬菜类作物，还有一些作物对某些微量元素有着特别高的需求。这些微量元素虽然在植物体内的含量较低，但却起着至关重要的作用。例如，铁元素是植物体内多种酶的辅基，参与植物的呼吸作用和光合作用；镁元素则是叶绿素的重要组成部分，对植物的光合作用有着重要影响。

因此，在选择肥料时，也需要考虑这些特殊需求。通过选择富含所需微量元素的肥料，我们可以确保作物能够获得全面的营养支持，从而实现健康生长和高产高质。例如，对于需要额外铁元素的作物，我们可以选择富含铁元素的肥料，如硫酸亚铁等；对于需要额外镁元素的作物，我们可以选择富含镁元素的肥料，如镁矿粉等。

2. 根据土壤状况

土壤的肥力和质地等因素直接影响有机肥料的选择和使用效果。

（1）肥力较低的土壤：这类土壤中的养分含量较低，需要通过施肥来补充。在选择有机肥料时，应选择养分含量较高、肥效持久的肥料，以迅速提升土壤肥力，并改善土壤结构。

（2）质地较重的土壤：这类土壤通常透气性和保水性较差，容易形成紧实的土层，影响作物的根系发育。在选择有机肥料时，应选择能够改善土壤透气性和保水性的肥料，如含有腐殖质、有机质较多的肥料，以疏松土壤，提高土壤的物理性状。

（3）土壤 pH：土壤的酸碱度（pH）也是选择肥料时需要考虑的因素。不同的作物和微生物对土壤 pH 有不同的适应性。在选择有机肥料时，应注意肥料对土壤 pH 的影响，选择能够调节土壤 pH 的肥料，以确保作物能够在适宜的酸碱环境中生长。

微生物活性：土壤中的微生物活性对土壤肥力和作物生长具有重要影响。在选择有机肥料时，可以选择含有有益微生物和酶类的肥料，这些肥料能够增强土壤的生物活性，促进养分的转化和利用，提高土壤的肥力和作物的产量。

二、设施蔬菜生产中无机肥料的特点与选择

（一）特点

1. 高养分含量

在设施蔬菜生产中，无机肥料经过工业化生产和加工，其养分被高度提纯和浓缩。这类肥料通常富含高浓度的氮、磷、钾等蔬菜生长所需的关键营养元素。高养分含量使得无机肥料能够快速、大量地为设施内的蔬菜提供必需的营养，满足蔬菜在生长旺盛期对养分的大量需求，促进蔬菜的高效生理代谢和物质合成，加速生长和发育，从而提升产量和品质。

2. 肥效迅速

无机肥料的养分释放速度快，这主要归功于其化学形态和良好的溶解性。肥料中的营养元素以离子或化合物的形式存在，易于溶解于水并被蔬菜根系迅速吸收。这一特性使得无机肥料能够在短时间内为蔬菜提供所需的养分，特别是在蔬菜生长急需养分的时期，快速肥效有助于蔬菜迅速恢复生长，缩短生长周期，提高产量和经济效益。

3. 施用易于控制

在设施蔬菜生产中，无机肥料的用量和施肥时间相对容易控制。农民可以根据蔬菜的养分需求和生长阶段进行精确的施肥管理。通过精确控制施肥量，可以避免养分的浪费和过量使用，提高养分利用效率，降低生产成本。同时，灵活的施肥时间安排可以确保蔬菜在关键生长阶段获得充足的养分供应，满足其生长的动态需求。这种易于控制的特性使得无机肥料成为设施蔬菜生产中重要的养分来源之一，有助于提高农业生产的科学性和可持续性。

（二）选择

1. 根据设施蔬菜的养分需求

在选择无机肥料时，首要考虑的是设施蔬菜的养分需求和生长阶段。这是因为不同的蔬菜作物在其生长过程中，对养分的需求和吸收特性有着显著的差异。

（1）叶菜类蔬菜：这类蔬菜在生长过程中，通常需要大量的氮来促进叶片

的生长和叶绿素的合成。因此，在选择无机肥料时，应特别关注肥料中的氮含量，确保满足这类蔬菜对氮元素的高需求。

（2）果菜类蔬菜：如番茄、黄瓜等，这类蔬菜在结果阶段，需要大量的磷和钾来促进果实的发育和品质的提升。因此，应选择磷、钾含量较高的无机肥料。

（3）根菜类蔬菜：如萝卜、胡萝卜等，这类蔬菜对土壤中的养分吸收较为全面，除氮、磷、钾外，还需要一定的微量元素。因此，在选择肥料时，应综合考虑其全面营养需求。

2. 根据设施土壤的养分状况

设施土壤养分的测试结果是选择无机肥料时的重要参考依据。通过测试土壤中的氮、磷、钾等关键元素的含量，可以了解土壤中养分的丰缺情况，为选择适宜的肥料提供科学依据。

（1）土壤养分丰缺分析：根据土壤测试结果，分析土壤中各养分的含量是否满足设施蔬菜的需求。如果土壤中某种养分含量较低，则应选择含有该养分的无机肥料进行补充。

（2）土壤 pH 和微生物活性：设施土壤的 pH 和微生物活性也是选择无机肥料时需要考虑的因素。不同的蔬菜作物和土壤微生物对土壤 pH 有不同的适应性。在选择肥料时，应注意肥料对土壤 pH 的影响，避免选择会显著降低或提高土壤 pH 的肥料。同时，选择含有有益微生物和酶类的肥料，可以增强土壤的生物活性，促进养分的转化和利用，从而提高设施蔬菜的产量和品质。

三、设施蔬菜生产中有机与无机肥料的配合使用原则

在设施蔬菜生产中，合理施肥是提高产量和品质的关键。有机肥料和无机肥料各有其优点和不足，因此，将两者配合使用，可以实现优势互补，提高施肥效果，同时减少对环境的影响，实现设施蔬菜生产的可持续发展。

（一）优势互补

1. 结合优点

有机肥料富含有机质和多种微量元素，其养分全面且肥效持久，能够持续改

善土壤结构，增强土壤的保水保肥能力，为设施蔬菜提供稳定的养分供应。此外，有机肥料还能促进土壤微生物的繁殖和活动，有利于改善土壤生态环境。无机肥料则具有养分含量高、肥效快、易于控制的特点，能够迅速满足设施蔬菜生长高峰期对养分的大量需求。因此，将有机肥料和无机肥料配合使用，可以确保设施蔬菜在生长过程中获得全面、持久且快速的养分供应，满足其不同生长阶段的需求。

2. 弥补不足

有机肥料虽然养分全面，但释放缓慢，难以满足设施蔬菜快速生长阶段对养分的大量需求。此时，无机肥料的快速肥效可以弥补这一不足，为设施蔬菜提供及时的养分供应。然而，无机肥料长期使用可能导致土壤结构破坏，影响土壤健康。因此，配合使用有机肥料，可以利用其持久肥效和土壤改良作用，改善土壤结构，提高土壤肥力，实现养分平衡供应和土壤健康维护。

（二）科学配比

1. 根据设施蔬菜需求

不同设施蔬菜对养分的需求各异，因此应根据蔬菜的养分需求和生长阶段，合理配比有机肥和无机肥的用量和比例。例如，叶菜类蔬菜如菠菜、芹菜等，生长迅速，需氮较多，可适当增加无机氮肥的用量，以满足其对氮素的需求；果菜类蔬菜如番茄、黄瓜等，需磷、钾较多，可增加有机肥用量，并搭配适量无机磷钾肥，以促进其果实发育和提高品质。

2. 根据设施土壤状况

设施土壤的肥力和质地对肥料选择和配比有重要影响。应根据土壤肥力和质地，科学配比有机肥和无机肥，以达到最佳施肥效果。在肥力较低的设施土壤中，应增加有机肥用量以改善土壤结构，提高土壤肥力；在质地较重的土壤中，应选用能改善土壤透气性和保水性的有机肥，如腐熟的畜禽粪便、稻壳等，并适量搭配无机肥，以满足设施蔬菜对养分的需求。

（三）环保安全

1. 控制施肥量

过量施肥不仅会导致养分浪费，还可能对环境造成污染。因此，应根据设施蔬菜需求和土壤状况，合理控制施肥量。具体来说，应根据蔬菜的生长阶段和预期产量，确定合理的施肥量，确保养分供应的充足和均衡。同时，还应考虑土壤的养分含量和保肥能力，避免过量施肥导致养分流失和环境污染。

2. 注意使用方法

在施肥过程中，应注意肥料的使用方法和时间。首先，应避免在雨天或大风天气施肥，以防止肥料流失和污染环境。其次，应确保肥料均匀施用，避免局部浓度过高对设施蔬菜造成伤害。例如，可以将肥料均匀撒施在土壤表面，然后轻轻翻耕或覆盖土壤，使肥料与土壤充分混合。

3. 选用环保肥料

选择经过认证的环保肥料是确保设施蔬菜施肥环保安全的重要措施。环保肥料通常具有低污染、高效能的特点，能够减少施肥对环境的影响。在选择肥料时，应优先考虑环保肥料，如有机认证肥料、缓释肥料等。这些肥料不仅养分含量丰富，而且释放缓慢，能够持续为设施蔬菜提供养分，同时减少对环境的影响。

通过有机与无机肥料的配合使用，可以充分发挥两种肥料的优点，实现设施蔬菜养分供应的全面性和持久性。同时，根据设施蔬菜的需求和土壤状况进行科学配比，合理控制施肥量，注意使用方法，并选用环保肥料，可以减少对环境的影响，实现设施蔬菜生产的可持续发展。在实际生产中，还应根据具体情况灵活调整施肥策略，以满足设施蔬菜的不同需求，提高产量和品质。

第四章　病虫害防控

在温室和设施农业中，病虫害的防控是保证作物健康生长和提高产量的重要环节。本章将详细介绍设施内病虫害的特点、生物防治技术以及综合病虫害管理策略（IPM）。

第一节　设施内病虫害的特点

一、设施内病虫害与开放田间的差异

（一）发生频率

设施内病虫害与开放田间相比，在发生频率上存在显著差异。这主要归因于设施内环境条件的稳定性和可控性。在设施内，如温室或大棚，由于环境条件的相对稳定，如温度、湿度、光照等，可以维持在一个较为适宜的水平，这为病虫害的滋生和繁衍提供了良好的条件。

具体来说，设施内的环境往往更加温暖、湿润，且空气流通性较差，这样的环境有利于害虫和病原体的繁殖。因此，设施内的病虫害可能全年都会发生，尤其是那些适应温暖湿润环境的病虫害种类。相比之下，开放田间的环境条件受自然因素影响较大，如季节变化、降雨、风力等，这些因素会限制病虫害的发生频率和持续时间。

（二）传播速度

设施内病虫害的传播速度通常也比开放田间更快。这主要是因为设施内的空

气流通性较差，病虫害一旦发生，容易在有限的空间内迅速扩散。例如，设施内的空气湿度较高，有利于病菌孢子的飘散和繁殖，从而加速病害的传播。此外，设施内的蔬菜种植往往较为密集，植株间的距离较近，这也为病虫害的相互传播提供了便利条件。

相比之下，开放田间的空气流通性较好，病虫害的扩散受到自然因素的限制，如风力、降雨等。这些因素可以将病菌孢子或害虫吹散或冲走，从而降低病虫害的传播速度。同时，开放田间的蔬菜种植往往较为分散，植株间的距离较远，也不利于病虫害的相互传播。

因此，在设施蔬菜生产中，加强病虫害的防控工作尤为重要。需要采取科学有效的防治措施，如选择抗病品种、合理轮作、改善设施内环境、利用生物天敌等，以降低病虫害的发生频率和传播速度，保障设施蔬菜的产量和品质。

二、设施环境对病虫害发生和流行的影响

设施环境对病虫害发生和流行的影响主要体现在以下几个方面。

（一）环境因素

设施种植环境与露地种植环境相比，存在明显的差异。首先，设施环境的密闭性较强，这导致了空气流通性较差。在缺乏自然风流的情况下，设施内的空气容易变得浑浊，有害气体积累，为病菌和虫害的滋生提供了有利条件。其次，设施内的湿度相对较高，并且这种高湿度状态可能持续较长时间。这种湿润环境非常适合许多病菌和虫害的生存和繁殖，因此，设施内的病虫害发生概率往往高于露地。

此外，设施内建筑材料的选择也会对病虫害发生产生一定影响。例如，一些材料可能含有对作物有害的化学物质，或者容易滋生霉菌和细菌。同时，设施的日光透过率也是需要考虑的因素。如果日光透过率过低，设施内的光照条件可能不足，影响作物的光合作用和正常生长，从而增加病虫害的风险。

为了控制这些因素对病虫害的影响，必须经常对设施内的环境进行监测和调整，确保空气流通、湿度适宜、建筑材料安全无害，以及光照条件充足。

（二）小气候特点及其影响

设施内的小气候特点主要表现为温度高、湿度大、通气性差，这些特点共同构成了病虫害繁殖的理想场所。首先，温度高会加速病菌和虫害的繁殖速度，使得病虫害在设施内的发生频率和危害程度远高于露地栽培。病菌和虫害在高温条件下生长周期缩短，繁殖速度加快，从而增加了病虫害的暴发风险。

其次，湿度大也是设施内小气候的一个重要特点。高湿度有利于病菌孢子的形成和传播，为病害的发生提供了有利条件。例如，蔬菜灰霉病在通风、干燥的环境条件下少有发生，但在设施内的高湿度条件下则容易发生。这是因为灰霉病菌喜欢高湿环境，湿度大时孢子容易萌发和传播，从而导致病害的迅速扩散。

最后，通气性差也是设施内小气候的一个显著特点。通气性差会导致设施内空气污浊，有害气体积累，进一步加剧病虫害的发生。在密闭的设施环境中，空气流通不畅，二氧化碳等有害气体浓度升高，不仅影响作物的正常生长，还为病虫害的繁殖提供了有利条件。同时，通气性差还使得设施内的温湿度难以调控，加剧了病虫害的发生风险。

设施内的小气候特点对病虫害的发生具有重要影响。为了降低病虫害的风险，需要在设施种植中特别注意调节温度、湿度和通风条件，创造不利于病虫害繁殖的环境条件。例如，可以通过安装通风设备、使用遮阳网等方式来调节设施内的温度和光照条件；通过合理灌溉、控制湿度等方式来降低设施内的湿度；通过定期清理设施内的杂草、落叶等废弃物来减少病虫害的传播途径。

（三）营养失调及其诱发的生理病害

设施内的高湿度环境不仅有利于病虫害的繁殖，还可能导致蒸腾效率降低，影响作物对营养物质的吸收和运输。长期下来，作物容易出现营养失调的情况，进而诱发多种生理病害。这些生理病害不仅会影响作物的产量和品质，还可能降低作物的抗病性，使作物更容易受到病虫害的侵害。

营养失调主要表现为作物体内营养元素的不平衡。例如，缺钾可能导致作物叶片出现黄斑和坏死，这是因为钾是植物体内的重要营养元素之一，参与植物的光合作用和物质运输等生理过程。缺钙则可能导致果实出现裂果和畸形，这是因为钙是植物细胞壁的重要组成成分，缺钙会影响细胞壁的稳定性，从而导致果实的畸形和裂果。

除钾和钙之外，其他营养元素的缺乏或过量也可能导致作物的生理病害。例如，缺氮可能导致作物生长缓慢、叶片黄化；缺磷则可能影响作物的根系发育和花果形成；而过量施肥则可能导致作物盐分积累、根系受损等。因此，在设施种植中，需要特别注意作物的营养状况，合理施肥，避免营养失调的发生。

为了预防和治疗作物的营养失调及其诱发的生理病害，可以采取以下措施：首先，进行土壤测试和分析，了解土壤中的营养元素含量和比例，以便制定合理的施肥方案；其次，根据作物的生长阶段和需肥规律进行施肥，避免过量或不足；同时，注意灌溉管理，避免水分过多或过少对作物营养吸收的影响；最后，一旦发现作物出现营养失调的症状，应及时采取措施进行调整和治疗。

（四）设施管理及其重要性

设施管理在病虫害防控中扮演着至关重要的角色。在设施种植环境中，由于人为创造的密闭或半密闭空间，为病虫害的繁殖和传播提供了一定的条件。因此，科学、精细的设施管理成为防控病虫害、保障作物健康生长的关键。

设施内的环境因素，包括温度、湿度、通风和照明等，都需要得到合理的控制和管理。这些环境因素直接影响着病虫害的发生和发展。例如，高温高湿的环境有利于病菌和虫害的繁殖，而通风不良则可能导致空气污浊，有害气体积累，为病虫害的发生提供温床。因此，我们可以通过安装通风设备、使用遮阳网、调节加温和降温系统等方式，来调节设施内的温度和光照条件，创造不利于病虫害繁殖的环境。同时，保持设施内的空气流通和换气也是至关重要的，这可以降低有害气体浓度，保持空气清新，从而减少病虫害的发生。

在施肥和灌溉等农事操作方面，同样需要科学的管理。过量施肥或灌溉不当都可能导致作物营养失调或根系受损，这不仅会影响作物的正常生长，还可能增加病虫害的风险。因此，我们需要根据作物的生长阶段和需肥规律，制订合理的施肥和灌溉计划，确保作物获得充足的营养和水分，同时避免过量或不足的情况。此外，施肥和灌溉的时间和方法也需要特别注意，以避免对作物造成不必要的伤害。

除了环境因素和农事操作的管理，定期清理设施内的杂草、落叶等废弃物也是减少病虫害传播的有效途径。这些废弃物可能成为病虫害的滋生地和传播媒介，为病虫害的发生提供有利条件。因此，我们需要定期清理和处理这些废弃物，保持设施环境的整洁和卫生。同时，还需要注意设施内的其他卫生问题，如定期消毒、清理积水等，以减少病虫害的滋生和传播。

在设施管理中，对病虫害的监测和预警也是至关重要的。一旦发现病虫害的发生，应立即采取有效的防治措施，防止病虫害的扩散和蔓延。为了实现有效的病虫害监测和预警，我们可以建立病虫害监测体系，定期对设施内的病虫害进行调查和统计。通过监测体系的建立，我们可以及时了解病虫害的发生情况和发展趋势，为制定防治措施提供科学依据。同时，我们还可以利用现代信息技术手段，如物联网、大数据等，实现病虫害的智能化监测和预警。通过智能化监测和预警系统的应用，我们可以更加准确地掌握病虫害的发生情况和发展趋势，为及时采取有效的防治措施提供有力支持。

设施管理对病虫害的防控具有重要意义。通过科学的环境因素控制、农事操作管理以及病虫害的监测和预警等措施，我们可以有效地降低病虫害的风险，保障设施作物的健康生长和高产高质。同时，设施管理还可以提高作物的抗逆性和适应性，使作物更加适应设施环境的变化和挑战。此外，设施管理还可以促进农业的可持续发展，提高农业资源的利用效率和生产效益。

然而，设施管理也面临着一些挑战和问题。例如，设施环境的复杂性和多变性使得管理难度增加；农事操作的烦琐性和精细性要求管理者具备较高的专业素质和技能；病虫害的多样性和变异性使得防治工作更加困难等。为了应对这些挑战和问题，我们需要不断探索和创新设施管理的新技术和新方法。例如，我们可以研发更加智能和高效的通风设备、遮阳网和灌溉系统等；我们可以推广更加环保和可持续的施肥和灌溉技术；我们可以利用生物防治和物理防治等新型防治方法来减少化学农药的使用等。

设施管理对病虫害的防控具有重要意义。通过科学的管理和控制措施，我们可以有效地降低病虫害的风险，保障设施作物的健康生长和高产高质。同时，我们还需要不断探索和创新设施管理的新技术和新方法，以适应设施农业发展的需求和挑战。只有这样，我们才能更好地推动设施农业的发展，为农业的可持续发展做出更大的贡献。

三、设施内病虫害的主要类型和常见物种

在设施农业中，由于环境相对封闭，病虫害的发生和传播往往比露地更为严重。因此，了解并掌握设施内病虫害的主要类型和常见物种，对于制定有效的防控策略至关重要。

（一）病害

设施内的病害主要包括真菌病害、细菌病害和病毒病害，这些病害对蔬菜的生长和产量构成严重威胁。

1. 真菌病害

真菌病害是设施蔬菜生产中最为常见的一类病害，其发生与设施内的温湿度条件密切相关。

（1）霜霉病

霜霉病是一种由真菌引起的病害，主要影响黄瓜、番茄等作物。在设施内，由于湿度较高，该病害极易发生。病害发生时，叶片背面会出现一层白色霜状的霉层，这是病原菌的孢子囊和菌丝。随着病害的发展，叶片正面会出现黄色病斑，严重时病斑扩大并连成片，导致叶片枯死。为了防控霜霉病，需要降低设施内的湿度，避免过度浇水，并及时清除病叶。

（2）黑星病

黑星病是另一种常见的真菌病害，主要影响黄瓜、西葫芦等作物。病斑初期为暗绿色，呈圆形或不规则形，后期病斑穿孔，并溢出透明的胶状物。严重时，病斑密布叶片，导致叶片枯死。黑星病在温暖、潮湿的环境下容易发生，因此，保持设施内的通风和干燥是防控该病害的关键。

（3）白粉病

白粉病是一种影响多种作物的真菌病害，如月季、大丽花以及多种蔬菜。病

害发生时，叶片表面会出现一层白色粉状物，这是病原菌的菌丝和分生孢子。随着病害的发展，叶片会逐渐黄化、卷曲，甚至干枯。白粉病在温暖、干燥的环境中易发生，因此，保持设施内的适宜湿度和通风是防控该病害的重要措施。

（4）炭疽病

炭疽病是一种影响兰花、辣椒等作物的真菌病害。病斑上会出现黑色或褐色的小点，这些点是病原菌的分生孢子盘。炭疽病在高温、高湿环境下易发生，且传播速度较快。为了防控炭疽病，需要保持设施内的通风和干燥，避免过度密植和浇水。

2. 细菌病害

细菌病害也是设施蔬菜生产中常见的一类病害，其发生与设施内的温湿度条件以及作物的抗病性密切相关。以下列举两种常见的细菌病害及其主要特征。

（1）角斑病

角斑病主要影响瓜类作物，如黄瓜、西瓜等。病斑呈多角形或不规则形，周围伴有黄色晕圈。严重时，病斑扩大并连成片，导致叶片枯死。角斑病在温暖、潮湿的环境下易发生，且传播速度较快。为了防控角斑病，需要保持设施内的通风和干燥，避免过度浇水和密植。

（2）青枯病

青枯病是一种影响茄果类作物的细菌病害，如番茄、茄子等。植株茎部出现褐色病斑，逐渐扩展至整株，导致植株枯萎死亡。青枯病在高温、高湿环境下易发生，且病菌可通过土壤、灌溉水等途径传播。为了防控青枯病，需要选择抗病品种、合理轮作和灌溉，并保持设施内的通风和干燥。

3. 病毒病害

病毒病害是设施蔬菜生产中较为难以防控的一类病害，其发生与设施内的温湿度条件、作物的抗病性以及传毒媒介密切相关。以下列举两种常见的病毒病害及其主要特征。

（1）花叶病毒病

花叶病毒病影响多种作物，如烟草、番茄、辣椒等。表现为叶片出现黄绿相间的斑驳，叶片皱缩变形，严重时导致植株生长迟缓甚至死亡。花叶病毒病在高温、干旱条件下易发生，且可通过多种途径传播，如接触传播、蚜虫传播等。为了防控花叶病毒病，需要选择抗病品种、及时清除病株和杂草、保持设施内的清洁卫生以及防治传毒媒介。

（2）黄瓜绿斑驳病毒病

黄瓜绿斑驳病毒病是一种专门危害黄瓜作物的病毒病害。叶片上出现绿色斑驳，叶脉呈透明状，植株生长受限，产量降低。该病害在高温、高湿环境下易发生，且可通过种子、土壤等途径传播。为了防控黄瓜绿斑驳病毒病，需要选择无病种子、进行种子消毒处理、保持设施内的清洁卫生以及合理轮作和灌溉。

设施内的病虫害种类繁多，对蔬菜的生长和产量构成严重威胁。为了有效防控这些病虫害，需要采取综合措施，包括选择抗病品种、改善设施环境、加强栽培管理、及时清除病株和杂草以及合理使用农药等。同时，还需要根据设施内的实际情况和病虫害的发生规律，制定针对性的防控策略，以确保设施蔬菜的健康生长和高产高质。

（二）害虫

在温室条件下，常见的害虫种类及其习性如下。

1. 温室白粉虱

温室白粉虱是一种常见的害虫，主要吸食植物汁液。成虫喜欢无风温暖的天气，并具有趋黄性和趋嫩性，多分布在新叶、生长点、幼芽及叶片背面。因此，在防治时，应重点喷施生长点、新叶背面及嫩花、幼果等部位。

2. 美洲斑潜蝇

美洲斑潜蝇是一种寄主广、食性杂的害虫，可为害多种蔬菜。成虫刺吸植物叶片汁液，幼虫在叶片内潜食叶肉，形成弯曲的隧道。美洲斑潜蝇每年春秋季节发生最为严重，且繁殖速度快，世代重叠严重。

3. 红蜘蛛（螨虫）

红蜘蛛是菜农常说的螨虫之一，在棚室条件下几乎全年都可发生，尤以春、秋两季最为严重。螨虫具有趋嫩性，多分布在新叶、生长点、幼芽及叶片背面。此外，螨虫会随着植株摇动而滚落地面，因此在喷药时需将地面、立柱及墙体等处都喷到。

4．蚜虫

蚜虫是另一种常见的害虫，以刺吸植物汁液为生。不同种类的蚜虫具有不同的生活习性，但大多数都喜欢温暖、干燥的环境。在防治蚜虫时，应根据其生活习性选择合适的防治措施。

5．蓟马

蓟马喜欢温暖、干燥的环境，并具有昼伏夜出的习性。其为害特点是锉吸蔬菜嫩梢、嫩叶和幼嫩果实中的汁液。在防治蓟马时，应重点喷施其活动的部位，并注意夜间用药的效果。

这些害虫在温室条件下繁殖迅速，易于传播，需要采取科学有效的防治措施进行防控。

第二节　生物防治技术

一、生物防治的原理和方法

（一）引入天敌

1．天敌的概念及其在生物防治中的作用

天敌是指那些在自然界中能够捕食、寄生或寄生于害虫的生物，它们通过自然的食物链关系对害虫种群进行自然控制。在生物防治中，天敌被视为一种重要的生物资源，其优点在于能够在不破坏生态平衡、不污染环境的情况下，有效地减少害虫数量，降低害虫对作物的危害，从而保障农作物的健康生长。

常见的捕食性天敌有瓢虫、草蛉、螳螂等，它们能够捕食多种害虫，如蚜虫、红蜘蛛、蚧壳虫等。这些天敌在害虫的种群密度较高时，能够迅速增殖，对害虫产生显著的压制效果。寄生性天敌则包括寄生蜂、寄生蝇等，它们通过寄生在害虫体内，抑制害虫的生长和繁殖，从而间接达到控制害虫的目的。

在选择和引入天敌时，需要综合考虑以下几个方面。

（1）天敌的适应性：要选择能够适应设施内环境条件的天敌，包括温度、湿度、光照等因素。确保天敌在引入后能够正常生存和繁殖。

（2）天敌的专一性：根据目标害虫的种类，选择专一性强的天敌，以提高防治效果。例如，如果目标害虫是蚜虫，那么可以选择专一捕食蚜虫的瓢虫进行引入。

（3）天敌的繁殖能力：选择繁殖能力强的天敌，以确保在设施内能够建立稳定的种群。这样即使有部分天敌死亡或逃逸，也能通过繁殖迅速补充数量。

（4）天敌的引入方式：引入天敌的方式有多种，如直接释放、设置天敌巢穴、提供蜜源植物等。具体方式应根据天敌的习性和设施内的环境条件来选择。

在引入天敌后，需要定期监测天敌的种群数量和活动情况，以及害虫的数量和受害程度。通过观察这些指标的变化情况，可以评估天敌的防治效果，并据此采取相应的管理措施。

2. 引入天敌后的效果评估和管理措施

（1）效果评估：引入天敌后，需要定期评估其防治效果。评估方法可以包括观察害虫数量是否减少、受害程度是否降低、天敌数量是否增加等指标的变化情况。如果天敌能够有效地控制害虫，那么害虫的数量和受害程度应该会显著降低，而天敌的数量则会逐渐增加。

（2）管理措施：如果防治效果不佳，可能需要采取一些管理措施来改进。例如，可以增加天敌的释放数量，以提高防治效果；或者调整天敌的引入时间，以更好地适应害虫的繁殖周期；还可以改善设施内的环境条件，为天敌提供更好的生存和繁殖条件。此外，还需要注意避免使用对天敌有害的农药或化学物质，以免对天敌造成不利影响。

（3）长期管理：在长期管理中，需要注意天敌种群的稳定性和持久性。通过合理的饲养和管理，可以确保天敌在设施内长期存在并发挥控制害虫的作用。同时，还需要定期监测害虫和天敌的动态变化，以便及时调整防治策略。如果设施内的害虫种类或数量发生变化，可能需要重新选择或引入新的天敌来适应新的防治需求。

（二）使用生物农药

在设施蔬菜生产中，病虫害的防控是确保作物健康生长和高产高质的关键环节。传统的化学农药虽然在一定程度上能够有效控制病虫害，但其对环境和人体健康的潜在风险不容忽视。因此，生物农药作为一种环境友好、选择性强且不易产生抗药性的防控手段，越来越受到人们的关注和青睐。

1. 生物农药的概念及其与传统化学农药的区别

生物农药，又称为生物源农药或天然农药，是指利用生物活体（如真菌、细菌、昆虫病毒、转基因生物、天敌等）或其代谢产物（如信息素、生长素、萘乙酸钠、植物源农药、动物源农药和微生物源农药等）针对农业有害生物进行杀灭或抑制的制剂。这些生物活体或其代谢产物具有特定的生物活性，能够对害虫、病原菌等有害生物产生致死、抑制生长、干扰生理过程等作用，从而达到防控病虫害的目的。

与传统化学农药相比，生物农药具有以下几个显著的区别。

（1）毒性通常较低：生物农药的活性成分来源于自然生物，其毒性通常比传统化学农药低得多。这意味着它们在使用时对环境和人体健康的影响较小，减少了对生态系统的潜在破坏。

（2）选择性强：生物农药通常只对目标害虫或病原菌起作用，而对其他生物（包括人类、鸟类、其他昆虫和哺乳动物）无害或影响较小。这种选择性使得生物农药在使用时更加安全，减少了对非目标生物的误伤。

（3）不易产生抗药性：由于生物农药的作用机制与传统化学农药不同，它们通常通过特定的生物过程来干扰害虫或病原菌的生理机能。这使得害虫或病原菌很难对其产生抗药性，从而延长了生物农药的使用寿命。

（4）环境友好：生物农药来源于自然，其活性成分易于降解，不会在环境中积累造成长期污染。此外，生物农药的使用通常不会破坏生态平衡，而是与自然环境相协调，实现了病虫害的可持续控制。

2. 常见的生物农药种类

生物农药的种类繁多，主要包括两大类：微生物制剂和植物源性农药。这两大类生物农药各具特色，在设施蔬菜生产中发挥着重要作用。

（1）微生物制剂：这类农药利用具有特定功能的微生物或其代谢产物制成。常见的微生物制剂包括细菌制剂、真菌制剂和放线菌制剂等。例如，苏云金杆菌（Bacillus thuringiensis，Bt）是一种广泛应用的细菌型生物农药，它对多种鳞翅目害虫幼虫具有显著的防治效果。Bt制剂通过破坏害虫的消化系统来杀死害虫，而对人类和其他非目标生物无害。

（2）植物源性农药：这类农药来源于植物，主要包括植物提取物、植物精油和植物源生长调节剂等。它们通常具有杀虫、杀菌或抗虫等多种功能。例如，印楝素是一种从印楝树种子中提取的天然杀虫剂，对多种害虫具有良好的防治效果。印楝素通过干扰害虫的神经系统来杀死害虫，而对人类和其他非目标生物的影响较小。

3. 生物农药的作用机制和防治原理

生物农药的作用机制和防治原理多种多样，但通常包括以下几个方面。

（1）直接杀灭或抑制害虫或病原菌：一些生物农药可以直接作用于害虫或病原菌的生理过程，如破坏其细胞结构、干扰其代谢过程等，从而达到杀灭或抑制的效果。例如，一些细菌制剂可以通过产生毒素来杀死害虫或抑制病原菌的生长。

（2）激发植物自身的防御机制：一些生物农药可以激发植物自身的防御机制，如产生抗毒素、激活抗病基因等，从而提高植物对害虫或病原菌的抵抗力。例如，一些植物源生长调节剂可以通过调节植物的生长和发育来增强其对病虫害的抵御能力。

（3）破坏害虫或病原菌的生态环境：一些生物农药可以破坏害虫或病原菌的生态环境，如改变土壤微生物群落结构、降低害虫的繁殖能力等，从而降低害虫或病原菌的种群密度。例如，一些真菌制剂可以通过竞争营养和空间来抑制病原菌的生长和繁殖。

4. 生物农药的使用方法、剂量和时机

生物农药的使用方法、剂量和时机因具体产品而异，但通常需要注意以下几个方面。

（1）选择合适的产品：根据目标害虫或病原菌的种类和危害程度选择合适的生物农药产品。不同的生物农药产品对不同的害虫或病原菌具有不同的防治效果，因此需要根据实际情况进行选择。

（2）准确计算剂量：按照产品说明书上的推荐剂量准确计算使用量，避免过量使用或不足使用。过量使用可能导致浪费和环境污染，而不足使用则可能无法达到预期的防治效果。

（3）选择合适的时机：在害虫或病原菌的敏感期或关键期使用生物农药，以提高防治效果。例如，一些害虫在幼虫期对生物农药的敏感性较高，因此在这个阶段使用生物农药可以取得更好的防治效果。

（4）配合其他防治方法：生物农药可以与其他防治方法（如物理防治、农业防治等）配合使用，形成综合防治体系，提高防治效果。例如，可以将生物农药与黄板诱虫等物理防治方法相结合，共同控制害虫的发生和危害。

5. 生物农药的优缺点

生物农药作为一种新型的病虫害防控手段，具有许多优点，但同时也存在一些缺点。在使用生物农药时，需要充分了解其优缺点，并根据实际情况进行选择和使用。

生物农药的优点主要包括以下几方面。

（1）环境友好：生物农药来源于自然，易于降解，对环境的污染较小。这使得生物农药在使用时更加安全，减少了对生态系统的潜在破坏。

（2）选择性强：生物农药通常只对目标害虫或病原菌起作用，对其他生物无害或影响较小。这种选择性使得生物农药在使用时更加安全，减少了对非目标生物的误伤。

（3）不易产生抗药性：由于生物农药的作用机制与传统化学农药不同，害虫或病原菌很难对其产生抗药性。这使得生物农药的使用寿命更长，能够持续有效地控制病虫害。

然而，生物农药也存在一些缺点如下。

（1）作用速度较慢：与传统化学农药相比，生物农药的作用速度通常较慢，需要一定的时间才能发挥最佳防治效果。因此，在使用生物农药时，需要提前规划并合理安排使用时间。

（2）受环境因素影响较大：生物农药的活性受温度、湿度等环境因素影响较大，需要在适宜的环境条件下使用。例如，一些微生物制剂在高温或干燥的环境下可能无法存活或发挥其防治效果。

（3）成本较高：由于生物农药的生产过程较为复杂，成本通常较高。这使得一些农民或种植者可能无法承担其使用成本，从而限制了生物农药的广泛应用。

生物农药作为一种环境友好、选择性强且不易产生抗药性的病虫害防控手段，在设施蔬菜生产中具有重要的应用价值。然而，在使用生物农药时，也需要充分了解其优缺点，并根据实际情况进行选择和使用。同时，还需要不断探索和研究新的生物农药产品和技术，以提高其防治效果和应用范围，为设施蔬菜生产的可持续发展做出更大的贡献。

（三）促进自然天敌的繁殖和利用

1. 改善设施内环境条件促进自然天敌的繁殖和生存

为了促进自然天敌在设施内的繁殖和生存，我们需要首先关注并改善设施内的环境条件。这包括调整设施内的温度、湿度、光照等生态因子，以满足自然天敌生长和繁殖的需求。例如，对于某些天敌昆虫，如捕食性瓢虫和寄生蜂，我们需要保持较高的温度和湿度，以促进其正常活动和繁殖。

其次，还可以通过增加设施的通风和光照，提高设施内的空气质量，减少有害气体的积累，为天敌提供一个健康、舒适的生存环境。

2. 提供天敌栖息地和食物源的方法

为了吸引和保持自然天敌的数量，需要为其提供充足的栖息地和食物源。具体方法包括以下几种。

（1）种植花卉吸引天敌：在设施周围或内部种植一些天敌喜欢的花卉，如花菖蒲、薄荷等，可以吸引捕食性天敌如瓢虫、草蛉等前来栖息和捕食害虫。

（2）提供蜜源植物：为天敌提供充足的蜜源植物，如紫云英、油菜等，可以确保天敌获得足够的营养，保持其健康的体态和活力。这些蜜源植物也可以作为天敌的补充食物，帮助天敌更好地控制害虫。

（3）设置人工巢穴：对于某些需要特定巢穴才能繁殖的天敌，如寄生蜂，我们可以设置人工巢穴，如纸管、木块等，为其提供繁殖和栖息的场所。

3. 通过合理的农事操作减少对天敌的不利影响

在农事操作过程中，需要注意避免对自然天敌造成不利影响。具体方法包括以下几种。

（1）减少化学农药的使用：化学农药通常会对自然天敌产生不良影响，因此我们应尽量减少化学农药的使用。如果必须使用，应选择对天敌影响较小的农药品种，并在天敌不活跃的时间段进行施药。

（2）避免过度耕作：过度耕作会破坏天敌的栖息地和食物源，因此我们应尽量避免过度耕作。在耕作过程中，我们可以采用保护性耕作技术，如免耕、少耕等，以减少对天敌栖息地的破坏。

（3）合理安排作物布局：合理安排作物布局，如种植多样化的作物品种和轮作等，可以增加天敌的栖息地和食物源，提高天敌的多样性和数量。

4. 促进自然天敌繁殖和利用的长期效果和可持续性

通过上述方法，可以促进自然天敌在设施内的繁殖和利用，从而实现对害虫的长期控制。这种生物防治方法具有长期效果和可持续性，因为天敌昆虫可以自我繁殖和扩散，长期维持对害虫的控制作用。同时，由于天敌昆虫来源于自然，它们对环境和人体健康的影响较小，符合绿色农业和可持续发展的要求。

为了确保天敌昆虫的长期利用和可持续发展，还需要进行持续的监测和评估，以及必要的管理和维护工作。例如，可以定期调查天敌昆虫的种类和数量，评估其对害虫的控制效果，并根据需要采取相应的管理措施，如补充天敌昆虫、调整作物布局等。此外，还需要加强对天敌昆虫的保护和宣传教育工作，提高农民对生物防治的认识和重视程度。

二、不同生物防治技术的效果和适用条件

（一）效果评估

1. 微生物制剂

（1）实际效果：微生物制剂，如细菌、真菌和放线菌制剂，能有效控制某

些特定病虫害。例如，苏云金杆菌（Bt）被广泛用于防治鳞翅目害虫，其通过产生特定毒素来杀死害虫幼虫。这些制剂对目标害虫具有高度的选择性和特异性，通常对环境和人体健康的影响较小。

（2）局限性：微生物制剂的作用速度通常较慢，需要一定时间才能发挥显著效果。此外，微生物制剂的活性可能受到温度、湿度等环境因素的影响，因此其效果可能因季节和地区而异。

2. 植物源农药

（1）实际效果：植物源农药，如植物提取物和精油，对多种害虫具有广泛的防治作用。这些农药通常来源于天然植物，具有低毒、低残留的特点，对环境和人体健康的影响较小。

（2）局限性：植物源农药的作用机制可能相对复杂，且其活性成分可能受到植物种类、生长条件等因素的影响，因此其效果可能存在一定的不稳定性。此外，植物源农药的成本通常较高，且可能需要较大的剂量才能达到理想的防治效果。

3. 天敌昆虫

（1）实际效果：天敌昆虫，如捕食性昆虫和寄生性昆虫，对害虫具有天然的捕食和寄生能力，能够长期维持对害虫的控制。这些天敌昆虫通常具有高度的选择性和特异性，对环境和人体健康的影响较小。

（2）局限性：天敌昆虫的繁殖和扩散速度可能较慢，且其数量可能受到多种环境因素的影响，如温度、湿度、食物来源等。此外，天敌昆虫的引入可能需要一定的时间和资源投入，且可能需要与其他防治措施配合使用才能达到最佳效果。

（二）适用条件

1. 作物类型

不同的作物类型可能对生物防治技术的适用性产生影响。例如，对于某些作物，如蔬菜、水果等，由于其生长周期短、经济价值高，因此可能更适合采用生物防治技术来控制病虫害。而对于一些生长周期长、经济价值较低的作物，如粮食作物等，可能需要综合考虑生物防治技术的成本效益和防治效果来做出选择。

2. 设施环境

设施环境也可能对生物防治技术的适用性产生影响。在温室、大棚等封闭或半封闭的设施环境中，由于环境条件相对稳定、易于控制，因此可能更适合采用生物防治技术来控制病虫害。而在露天农田等开放环境中，由于环境条件的不稳定性和复杂性，生物防治技术的应用可能受到一定的限制。

3. 病虫害种类

不同的病虫害种类对生物防治技术的适用性也可能产生影响。一些特定的病虫害可能对某些生物防治技术具有高度的敏感性，而另一些病虫害则可能对这些技术具有一定的抗性。因此，在选择生物防治技术时，需要根据目标病虫害的种类和特性进行综合考虑。

在选择生物防治技术时，需要综合考虑作物类型、设施环境和病虫害种类等多种因素，以确保所选技术能够有效地控制病虫害，同时满足经济、环保和可持续发展的要求。

三、结合设施环境特点进行生物防治，以提高防治效果

（一）环境优化

1. 温度与湿度控制

在设施环境中，温度与湿度的调控对于生物防治效果至关重要。为了增强天敌昆虫的繁殖和生存能力，应确保设施内温度适宜，避免过高或过低的温度对天敌昆虫造成不利影响。同时，根据不同天敌昆虫对湿度的需求，适当调节设施内的湿度，创造有利于天敌昆虫生长和繁殖的环境。

2. 光照管理

光照对生物防治也有重要影响。一些天敌昆虫在特定的光照条件下会表现出更高的捕食或寄生能力。因此，应根据天敌昆虫的生物学特性，合理安排设施内的光照时间和强度，以提高生物防治效果。

3. 营养供应

为天敌昆虫提供充足的营养来源是增强其繁殖和生存能力的关键。在设施环境中，可以通过种植蜜源植物、提供人工饲料等方式，为天敌昆虫提供必要的营养支持。

4. 生物多样性保护

保持设施内的生物多样性对于提高生物防治效果具有重要意义。可以通过种植多种作物、保留杂草等方式，为不同种类的天敌昆虫提供栖息地和食物来源，从而提高天敌昆虫的多样性和数量。

（二）集成应用

在设施蔬菜种植过程中，病虫害的防控是确保作物健康生长和高产高质的关键环节。然而，单纯依靠某一种防治方法往往难以达到预期的效果。因此，集成应用生物防治、化学防治、物理防治以及农业管理措施，形成多元化的病虫害防治体系，是提高设施蔬菜病虫害防治效果的重要途径。

1. 生物防治与化学防治的结合

在设施蔬菜种植中，生物防治以其环境友好、选择性强和不易产生抗药性等优点而备受青睐。然而，在某些情况下，单纯依靠生物防治可能无法达到预期的效果。此时，可以考虑将生物防治与化学防治相结合，采用低毒、低残留的农药进行辅助防治。

在施药时，应尽量选择对天敌昆虫影响较小的农药，并避免在天敌昆虫活跃期施药，以保证生物防治效果的持续性和稳定性。例如，在防治蔬菜蚜虫时，可以先释放蚜茧蜂等天敌昆虫进行生物防治，若防治效果不佳，再辅以低毒的化学农药进行喷雾防治。

同时，还需要注意化学农药的使用量和频次，避免过量使用导致农药残留超标或对环境造成污染。通过合理的药剂选择和施药技术，可以将化学防治对生物防治的负面影响降到最低，实现生物防治与化学防治的有机结合。

2. 生物防治与物理防治的结合

物理防治方法，如诱虫灯、黄板等，在设施蔬菜病虫害防控中也发挥着重要作用。这些方法可以与生物防治相结合，共同提高防治效果。

诱虫灯是一种利用害虫的趋光性进行诱捕的物理防治方法。在设施蔬菜种植中，可以设置诱虫灯诱捕害虫成虫，减少害虫的繁殖基数。例如，对于夜蛾等夜间活动的害虫，可以设置黑光灯进行诱捕。

黄板则是一种利用害虫的趋黄性进行诱杀的物理防治方法。在设施蔬菜种植中，可以设置黄板诱杀蚜虫等小型害虫，降低害虫密度。黄板的使用需要注意及时更新和更换，以保持其诱杀效果。

将这些物理防治方法与生物防治相结合，可以形成更加完善的防治体系。例如，在释放天敌昆虫进行生物防治的同时，可以设置诱虫灯和黄板进行物理防治，共同控制害虫的发生和危害。

3．生物防治与农业管理的结合

农业管理措施也是影响设施蔬菜病虫害发生的重要因素。通过合理的农业管理，可以减少病虫害的发生基数，为生物防治创造有利条件。

（1）轮作。通过轮作可以打破病虫害的寄生规律，减少病虫害的发生。例如，将茄果类蔬菜与叶菜类蔬菜进行轮作，可以减少土壤中的病原菌和害虫数量，降低病虫害的发生风险。

（2）间作。是一种提高作物多样性、增强生态系统稳定性的农业管理措施。通过间作可以为天敌昆虫提供更多的栖息地和食物来源，促进其繁殖和生存。例如，在蔬菜行间种植一些花卉或草本植物，可以吸引更多的天敌昆虫前来栖息和捕食害虫。

此外，合理施肥也是减少病虫害发生的重要措施。过量施肥会导致土壤盐渍化、酸碱失衡等问题，破坏土壤微生物群落结构，降低作物抗病能力。因此，在设施蔬菜种植中，应根据作物需求和土壤状况进行合理施肥，保持土壤肥力和生态平衡。

结合设施环境特点进行生物防治，并与其他防治措施相结合，可以形成更加完善的防治体系。在实际应用中，应根据具体情况选择合适的防治策略。例如，在设施蔬菜种植初期，可以采取农业管理措施进行预防；在病虫害发生初期，可以采取生物防治和物理防治进行控制；若病虫害发生严重，则可以辅以低毒的化学农药进行应急防治。

同时，还需要注意防治策略的经济性和环保性。在选择防治方法时，应充分考虑其成本效益和环境影响，选择经济、环保、可持续的防治策略。例如，可以优先选择天敌昆虫等生物防治方法进行防治；在必须使用化学农药时，应选择低毒、低残留的农药，并严格控制使用量和频次。

集成应用生物防治、化学防治、物理防治以及农业管理措施，形成多元化的病虫害防治体系，是提高设施蔬菜病虫害防治效果的重要途径。在实际应用中，应根据具体情况选择合适的防治策略，并注重防治策略的经济性和环保性，以实现设施蔬菜的高产高质和可持续发展。

第三节　综合病虫害管理策略（IPM）

一、IPM 的概念和原则

IPM，即综合病虫害管理，是一种全面的、多层次的管理方法，旨在通过综合多种手段和技术，以最小的环境和健康影响，达到对农作物病虫害的有效控制。IPM 的实施遵循以下两大核心原则。

（一）预防为主

预防为主是 IPM 的首要原则。它强调通过预防措施来减少病虫害的发生和扩散，从而从根本上控制病虫害的数量。这一原则的实现依赖于对农作物生长环境的优化、种植密度的合理调整、适时的田间施肥、灌溉和排水等措施。这些措施能够增强作物的抗性和免疫力，为作物创造一个不利于病虫害滋生的环境。

预防措施包括以下几种。

（1）选用抗病虫害的品种：通过选用抗病虫害能力强的作物品种，可以在一定程度上减少病虫害的发生。

（2）合理的种植制度：通过合理的轮作、间作等种植制度，打破病虫害的寄生规律，降低病虫害的发生概率。

（3）加强田间管理：通过适时的施肥、灌溉和排水等措施，增强作物的生长势和抵抗力，减少病虫害的侵害。

（二）综合治理

综合治理是 IPM 的另一核心原则。它强调在预防的基础上，采用多种手段和技术对病虫害进行综合防治。这些手段和技术包括生物防治、物理防治、化学防治等多种方法，以及合理的农业管理措施。

综合治理包括以下几种。

（1）生物防治：利用天敌昆虫、微生物等生物因子对病虫害进行自然控制。这种方法对环境和人体健康的影响较小，是一种绿色、环保的防治措施。

（2）物理防治：采用物理手段对病虫害进行防治，如利用粘虫板、粘虫球等物理工具捕捉害虫，或者利用高温、低温等物理手段杀死害虫。

（3）化学防治：在必要时，可以使用化学农药对病虫害进行防治。但是，在 IPM 中，化学防治被强调为最后一道防线，且应严格控制农药的使用量和使用方法，以减少对环境和人体健康的影响。

同时，综合治理还强调各种手段和技术之间的协调和配合。通过综合运用这些手段和技术，可以形成一个多层次、全方位的防治体系，提高防治效果，降低防治成本。

二、IPM 在设施农业中的应用方法和实施步骤

设施农业，作为一种高度集约化和技术密集型的农业生产方式，对于病虫害的综合管理提出了更高的要求。IPM（Integrated Pest Management，即病虫害综合管理）作为一种科学、系统的病虫害管理策略，其在设施农业中的应用显得尤为重要和迫切。以下将详细阐述 IPM 在设施农业中的应用方法和实施步骤。

（一）应用方法

IPM 的应用方法在设施农业中主要体现在以下几个方面，这些方法相互关联、相互补充，共同构成了一个完整的病虫害管理体系。

1. 虫情监测

设施农业中的虫情监测是 IPM 的基础。通过利用无人机技术、地面传感器、智能摄像头等物联网设备，对设施内的虫害进行实时监测。这些设备能够精确掌握虫害的分布规律、发生程度和发展趋势，为后续的防治工作提供有力支持。

（1）无人机技术：利用无人机搭载高清摄像头或红外传感器，对设施农业区域进行定期或不定期的巡航监测，及时发现虫害发生区域。

（2）地面传感器：在设施内部布置各类传感器，如振动传感器、声音传感器等，用于监测害虫的活动情况。

（3）智能摄像头：利用智能摄像头进行 24 小时不间断监控，结合图像识别技术，自动识别并记录害虫的出现。

通过这些技术手段，可以实现对虫害的实时监测和预警，为后续的防治工作提供科学依据。

2. 数据整合与分析

基于大数据技术，建立虫害信息库，将各类虫害数据进行汇总、整合和管理。这些数据包括虫害的种类、发生时间、发生地点、危害程度等。同时，运用人工智能和机器学习技术对这些数据进行分析处理，以提供更加准确的推断和预测结果。

（1）数据挖掘：利用数据挖掘技术，从大量虫害数据中提取有价值的信息，如虫害发生规律、害虫迁移路径等。

（2）预测模型：基于历史数据和机器学习算法，建立虫害预测模型，预测未来虫害的发生趋势和危害程度。

（3）决策支持：根据数据分析结果，为制定防治措施提供科学依据，如选择最佳的防治时间、防治方法等。

通过数据整合与分析，可以更加科学、准确地制定防治措施，提高防治效果。

3. 生物防治

在设施农业中，生物防治是一种重要的防治手段。通过引入天敌昆虫、微生物等生物因子，对害虫进行自然控制。这种方法对环境和人体健康的影响较小，是一种绿色、环保的防治措施。

（1）天敌昆虫：引入害虫的天敌昆虫，如蚜茧蜂、瓢虫等，通过天敌的捕食作用来控制害虫数量。

（2）微生物制剂：利用微生物制剂，如细菌、真菌等，对害虫进行生物感染或毒杀。

（3）生物提取物：利用植物提取物或动物提取物等生物源农药，对害虫进行防治。

生物防治方法具有环境友好、选择性强和不易产生抗药性等优点，是设施农业中重要的防治手段。

4．物理防治

在设施内部设置防虫网、诱虫灯、粘虫板等物理设施，对害虫进行物理隔离和诱捕。这种方法操作简单、成本较低，且对环境和人体健康的影响较小。

（1）防虫网：在设施通风口或门窗处设置防虫网，阻止害虫进入设施内部。

（2）诱虫灯：利用害虫的趋光性，设置诱虫灯进行诱捕和杀灭。

（3）粘虫板：利用害虫的趋色性，设置粘虫板进行粘捕和杀灭。

物理防治方法是一种简单、有效的防治手段，适用于设施农业中的多种害虫防治。

5．化学防治

在必要时，可以使用化学农药对害虫进行防治。但是，在IPM中，化学防治被强调为最后一道防线，应严格控制农药的使用量和使用方法，以减少对环境和人体健康的影响。

（1）选择低毒农药：优先选择低毒、低残留的农药进行防治。

（2）精准施药：采用精准施药技术，如喷雾器、注射器等，减少农药的浪费和环境污染。

（3）轮换用药：为避免害虫产生抗药性，应定期轮换使用不同类型的农药。

化学防治方法虽然效果显著，但应谨慎使用，避免对环境和人体健康造成不良影响。

（二）实施步骤

IPM 在设施农业中的实施需要遵循一定的步骤和时间表，以确保防治工作的有序进行和防治效果的最大化。以下是 IPM 在设施农业中的具体实施步骤。

1. 虫情监测阶段（每周进行）

（1）利用无人机、地面传感器、智能摄像头等物联网设备对设施内的虫害进行实时监测。

（2）记录监测数据，包括虫害的种类、发生时间、发生地点、危害程度等。

（3）对监测数据进行初步分析，判断虫害的发展趋势和危害程度。

通过虫情监测，可以及时发现虫害问题，为后续的防治工作提供有力支持。

2. 数据分析阶段（每周进行）

（1）对监测到的虫害数据进行深入分析处理，评估虫害的危害程度和发展趋势。

（2）利用数据挖掘技术和预测模型，对虫害的发生规律和迁移路径进行推断和预测。

（3）根据分析结果，制定相应的防治措施和防治计划。

数据分析是 IPM 的核心环节，通过科学的数据分析，可以更加准确地制定防治措施，提高防治效果。

3. 防治措施制定阶段（每两周进行一次）

（1）根据虫害的类型和分布情况，结合多年的农业经验和专业智慧，制定出合理、科学和针对性的防治措施。

（2）明确各种防治手段的优先级和使用顺序，如优先使用生物防治和物理防治手段，必要时再使用化学农药进行辅助防治。

（3）制订详细的防治计划和时间表，确保防治工作的有序进行。

防治措施的制定需要综合考虑多种因素，包括虫害的类型、分布情况、危害程度以及设施农业的实际条件等。通过科学、合理的防治措施制定，可以最大限度地提高防治效果。

4．防治措施执行阶段（根据虫害发生情况灵活调整）

（1）按照制定的防治措施和防治计划进行执行。

（2）对于生物防治和物理防治手段，应优先使用，并确保防治措施的精准执行。

（3）在必要时，可以使用化学农药进行辅助防治，但应严格控制农药的使用量和使用方法。

（4）对防治效果进行实时监测和评估，及时调整防治措施和防治计划。

防治措施的执行是 IPM 的关键环节，通过精准、科学的执行，可以有效地控制设施农业中的病虫害问题。

5．效果评估与反馈阶段（每月进行）

（1）对防治效果进行全面评估和反馈，分析防治措施的有效性和可行性。

（2）根据评估结果，对防治措施进行调整和优化，以提高防治效果。

（3）将评估结果和反馈意见纳入下一次的虫情监测和数据分析阶段，为后续的防治工作提供科学依据。

效果评估与反馈是 IPM 的持续改进环节，通过不断的评估、反馈和调整，可以不断优化防治措施，提高防治效果。

IPM 在设施农业中的应用方法和实施步骤是一个科学、系统的过程。通过虫情监测、数据整合与分析、生物防治、物理防治和化学防治等多种手段的综合应用，以及按照制定的实施步骤进行有序执行和持续改进，可以有效地控制设施农业中的病虫害问题，保障设施农业的健康、可持续发展。

第五章　设施蔬菜品种选择与育种

第一节　设施栽培对品种的要求

一、设施环境对蔬菜生长的影响

在设施栽培中，不同的环境因素对蔬菜的生长具有显著的影响。为了确保蔬菜健康生长并获得高产，选择合适的品种以适应这些设施环境是至关重要的。

（一）设施内的温度调控与蔬菜生长

设施栽培利用先进的温度调控系统，能够为蔬菜生长提供一个相对稳定的温度环境。这种调控系统可以精确控制设施内的温度，确保蔬菜在最适宜的温度条件下生长。然而，不同的蔬菜品种对温度的要求存在显著差异。

1. 喜温蔬菜

一些蔬菜品种，如番茄、黄瓜等果菜类蔬菜，它们属于喜温蔬菜，需要较高的温度来促进生长和开花结果。在选择这些品种时，需要特别关注其对高温的适应能力，以及在最适生长温度范围内的产量表现。

2. 耐寒蔬菜

另一些蔬菜品种，如菠菜、生菜等叶菜类蔬菜，则具有较强的耐寒能力。这些品种在较低的温度下仍能正常生长，并且可能表现出更好的品质和口感。在选择这些品种时，需要考虑其对低温的适应能力，以及在不同温度条件下的生长表现。

3．温度适应性

除了喜温和耐寒蔬菜，还有一些品种具有较广的温度适应性，能够在不同的温度条件下生长。这些品种在设施栽培中具有更大的灵活性，可以根据季节和市场需求进行调整。

在选择蔬菜品种时，应充分考虑其对温度变化的适应能力和最适生长温度范围，以确保设施内的温度调控能够满足蔬菜的生长需求，实现高产优质。

（二）光照条件对蔬菜光合作用的影响

光照是蔬菜进行光合作用的重要能源，对蔬菜的生长和产量具有决定性影响。然而，设施栽培中的光照条件往往受到多种因素的限制。

1．自然光照不足

设施栽培通常是在封闭或半封闭的环境中进行，这可能导致自然光照不足。在选择蔬菜品种时，需要关注其对光照强度的适应能力，特别是在低光照条件下的生长表现。

2．设施结构遮挡

设施的结构和布局也可能对光照条件产生影响。例如，设施的屋顶和侧壁可能遮挡部分阳光，导致光照分布不均匀。因此，在选择蔬菜品种时，需要考虑其对光照质量的偏好，选择能够适应不同光照条件的品种。

3．光照适应性

一些蔬菜品种具有较强的光照适应性，能够在较弱的光照条件下正常生长，并通过提高光合效率来弥补光照不足的影响。这些品种在设施栽培中具有更大的优势，能够在光照条件受限的情况下保持较高的产量和品质。

在选择蔬菜品种时，应充分考虑其对光照条件的适应能力和偏好，以确保设施内的光照条件能够满足蔬菜的生长需求，实现高产优质。

（三）设施内的湿度调控与病害发生

在设施栽培中，湿度调控是确保蔬菜健康生长和防治病害的关键因素。湿度过高不仅影响蔬菜的正常生理活动，还容易导致多种病害的发生，如霜霉病、炭疽病等。这些病害一旦发生，不仅会影响蔬菜的产量和品质，还可能对整个设施内的蔬菜生产造成严重影响。

在选择蔬菜品种时，需要特别关注其对湿度的适应能力。一些具有较强抗病性的蔬菜品种，能够在较高的湿度条件下保持健康生长，并通过自身的抗病机制减少病害的发生。这些品种在设施栽培中具有重要的应用价值，可以帮助生产者更好地控制病害，提高蔬菜的产量和品质。

设施内的湿度调控也需要科学合理。生产者需要根据蔬菜品种的生长需求和设施内的环境条件，制定合理的湿度调控方案。通过精准控制灌溉、通风等措施，保持设施内的湿度在适宜范围内，为蔬菜的生长提供良好的环境。

（四）土壤环境对蔬菜根系发育的影响

土壤作为蔬菜生长的基础，其环境对蔬菜根系的发育具有决定性的影响。在设施栽培中，土壤环境往往受到设施结构、灌溉方式、施肥管理等多种因素的影响。

不同的蔬菜品种对土壤环境的适应能力存在差异。一些品种能够适应不同类型的土壤环境，具有较强的适应性和抗逆性；而另一些品种则对土壤环境的要求较高，需要在特定的土壤条件下才能正常生长。

在选择蔬菜品种时，需要考虑其对土壤环境的适应能力。这包括土壤类型、土壤肥力、土壤 pH 等因素。通过选择适应性强、能够在不同土壤环境中正常生长的品种，可以降低设施栽培中土壤环境对蔬菜生长的影响，提高蔬菜的产量和品质。

在设施栽培中，我们也需要对土壤环境进行科学管理。通过合理施肥、灌溉、翻耕等措施，改善土壤环境，为蔬菜根系的发育提供良好的条件。这样可以进一步促进蔬菜的生长和发育，提高设施栽培的效益。

二、设施蔬菜品种选择的基本原则

在选择设施蔬菜品种时，必须遵循一系列基本原则，以确保蔬菜能够在设施环境中健康生长，满足市场需求，并实现良好的经济效益。设施栽培作为一种高度集约化和技术密集型的农业生产方式，对蔬菜品种的选择提出了更高的要求。

以下将详细阐述设施蔬菜品种选择的基本原则，特别是与设施环境匹配性的相关知识点。

（一）品种适应性与当地设施环境的匹配

品种适应性是指蔬菜品种在特定条件下的生长能力和适应性。在设施栽培中，由于每个地区的设施环境都有其独特性，包括温度、光照、湿度和土壤条件等，因此，品种与环境的匹配性至关重要。

1. 温度适应性

温度是影响蔬菜生长的重要因素之一。不同蔬菜品种对温度的要求各不相同，有的品种在较高温度下生长良好，如辣椒、茄子等；而有的品种则对低温有更好的适应性，如菠菜、芹菜等。因此，在选择设施蔬菜品种时，首先要充分了解其温度适应性，确保所选品种能够在当地设施环境中的温度范围内正常生长。

（1）高温适应性：对于夏季或热带地区，设施内的温度可能较高，因此需要选择耐高温的品种，如耐热生菜、耐热黄瓜等。

（2）低温适应性：对于冬季或寒冷地区，设施内的温度可能较低，因此需要选择耐低温的品种，如耐寒菠菜、耐寒甘蓝等。

此外，还需要考虑品种对温度变化的敏感性。一些品种可能对温度波动较为敏感，而另一些品种则可能更加耐受。因此，在选择品种时，还需要考虑当地设施环境的温度变化特点，以确保所选品种能够适应这种变化。

2. 光照适应性

光照是蔬菜进行光合作用的关键因素，也是影响蔬菜生长的重要因素之一。设施栽培中的光照条件可能受到自然光照不足或设施结构遮挡的影响，导致光照强度和质量发生变化。因此，在选择设施蔬菜品种时，需要考虑其对光照强度的适应性和对光照质量的偏好。

（1）光照强度适应性：不同品种对光照强度的要求不同。一些品种需要较强的光照才能正常生长，如西红柿、黄瓜等；而另一些品种则可能在较弱的光照条件下也能生长良好，如菠菜、莴苣等。因此，在选择品种时，需要了解当地设施环境的光照强度，并选择与之相匹配的品种。

（2）光照质量适应性：除了光照强度，光照质量也会影响蔬菜的生长。例如，一些品种可能对特定波长的光更加敏感，如红光或蓝光。因此，在选择品种时，还需要考虑当地设施环境的光照质量，并选择与之相匹配的品种。

为了确保所选品种能够在设施内的光照条件下正常生长，还可以采取一些辅助措施，如安装补光灯、使用反光膜等，以提高设施内的光照强度和质量。

3．湿度适应性

湿度是影响蔬菜生长和病害发生的重要因素之一。设施内的湿度调控可能受到多种因素的影响，如灌溉方式、通风条件等。湿度过高或过低都可能对蔬菜的生长产生不利影响。因此，在选择设施蔬菜品种时，需要关注其对湿度的适应性。

（1）抗湿害能力：一些品种可能对高湿度环境有较好的适应性，能够在高湿度条件下保持正常的生长和发育，如空心菜、水芹等。这些品种在设施栽培中可能更加适合湿度较高的环境。

（2）耐干旱能力：另一些品种则可能对低湿度环境有较好的适应性，能够在干旱条件下保持正常的生长和发育，如西瓜、甜瓜等。这些品种在设施栽培中可能更加适合湿度较低的环境。

为了确保所选品种能够在设施内的湿度条件下健康生长，还需要采取一些管理措施，如合理灌溉、加强通风等，以调控设施内的湿度环境。

4．土壤适应性

土壤是蔬菜生长的基础，土壤环境对蔬菜的生长和发育具有重要影响。在设施栽培中，土壤环境可能受到设施结构、灌溉方式等因素的影响而发生变化。因此，在选择设施蔬菜品种时，需要考虑其对土壤类型、土壤肥力和土壤 pH 的适应性。

（1）土壤类型适应性：不同品种对土壤类型的要求不同。一些品种可能更适合在砂质土壤中生长，如胡萝卜、萝卜等；而另一些品种则可能更适合在黏质土壤中生长，如马铃薯、山药等。因此，在选择品种时，需要了解当地设施环境的土壤类型，并选择与之相匹配的品种。

（2）土壤肥力适应性：土壤肥力是影响蔬菜生长的重要因素之一。不同品种对土壤肥力的要求也不同。一些品种可能需要较高的土壤肥力才能正常生长，如西红柿、黄瓜等；而另一些品种则可能在较低的土壤肥力条件下也能生长良好，如菠菜、芹菜等。因此，在选择品种时，还需要考虑当地设施环境的土壤肥力状况，并选择与之相匹配的品种。同时，为了保持土壤肥力的稳定和提高蔬菜的产量和品质，还需要采取一些土壤管理措施，如合理施肥、轮作换茬等。

土壤 pH 适应性：土壤 pH 也是影响蔬菜生长的重要因素之一。不同品种对土壤 pH 的要求也不同。一些品种可能更适合在酸性土壤中生长，如蓝莓、草莓等；而另一些品种则可能更适合在碱性土壤中生长，如菠菜、甜菜等。因此，在选择品种时，还需要了解当地设施环境的土壤 pH 状况，并选择与之相匹配的品种。同时，为了调控土壤 pH 并保持其稳定，还可以采取一些措施，如施用石灰或硫黄等。

（二）品种生长周期与设施使用周期的协调

设施的使用周期通常受到季节、市场需求、设备维护等多种因素的影响。为了确保设施的高效利用，选择生长周期与设施使用周期相协调的蔬菜品种至关重要。

1. 生长周期适中

选择生长周期适中的品种，可以确保在设施使用周期内完成生长周期，避免设施资源的浪费。

2. 适应市场需求

根据市场需求选择品种，可以确保蔬菜在销售季节内成熟上市，满足市场需求，提高经济效益。

3. 设施维护与轮换

在设施维护或轮换期间，选择生长周期较短的品种，可以确保在设施无法使用期间仍有蔬菜供应，减少生产中断的风险。

通过综合考虑品种的生长周期和设施的使用周期，可以确保设施资源的高效利用，提高设施蔬菜生产的整体效益。

（三）品种的市场需求与经济效益的考量

市场需求和经济效益是设施蔬菜品种选择过程中不可忽视的两个重要方面。在选择设施蔬菜品种时，生产者需要深入了解和分析市场需求，同时综合考虑经济效益，以确保所选择的品种能够满足市场需求并带来良好的经济回报。

1. 市场需求分析

（1）市场需求量：生产者应关注市场上各种蔬菜品种的需求量，特别是那些常年畅销或季节性需求旺盛的品种。选择市场需求量大的品种，可以确保销售渠道畅通，降低销售风险。

（2）价格稳定性：蔬菜价格受到多种因素的影响，如季节、气候、产量等。生产者应选择价格相对稳定的品种，避免因价格波动带来的经济损失。

（3）消费者偏好：消费者对于蔬菜的口感、品质、营养价值等方面有一定的偏好。生产者需要了解消费者的需求，选择符合消费者偏好的品种，以提高市场竞争力。

2. 经济效益评估

（1）产量评估：高产是增加经济效益的重要因素之一。生产者应选择那些产量高、生长周期短的品种，以提高单位面积的产量和收益。

（2）品质评估：优质蔬菜往往能够获得更高的市场价格和消费者的青睐。生产者应选择那些品质优良、外观美观、口感好的品种，以提高产品的市场竞争力。

（3）抗病性评估：病害是影响蔬菜产量和品质的重要因素之一。选择抗病性强的品种可以减少农药的使用量，降低生产成本，同时提高产品的安全性。

（4）成本效益分析：生产者还需要对所选品种的成本和收益进行综合分析，包括种子成本、种植成本、管理成本、销售成本等，以确保所选品种具有较高的成本效益。

通过综合考虑市场需求和经济效益，生产者可以通过选择出那些既满足市场需求又具有较高经济效益的设施蔬菜品种，从而提高生产的整体效益和市场竞争力。

（四）品种对设施管理水平的适应性

设施蔬菜生产中的管理水平直接影响到蔬菜的生长状况和最终产量与品质。因此，在选择设施蔬菜品种时，品种的管理适应性成为一个关键的考量因素。

1．精细化管理需求品种

部分蔬菜品种对管理的要求较高，需要生产者具备较高的技术水平和管理经验。这些品种通常生长周期较长，对温度、光照、湿度等环境因素的调控要求严格，同时还需要精细化的水肥管理和病虫害防治措施。对于管理水平较高的生产者，选择这类品种可以充分展现其管理实力，通过精细化的管理获得更高的产量和更好的品质。

2．适应性较强品种

另一部分蔬菜品种则具有较强的环境适应性和抗逆性，对管理的需求相对较低。这类品种在较粗放的管理条件下也能生长良好，对温度、光照、湿度等环境因素的波动具有一定的容忍度。对于管理水平较低或设施条件有限的生产者，选择这类品种可以降低管理难度和风险，确保蔬菜的基本产量和品质。

3．生产者自我评估与品种选择

在选择设施蔬菜品种时，生产者应首先对自身的管理水平和设施条件进行客观评估。了解自身的技术水平、管理经验、设施设备的完善程度以及可投入的管理资源等因素。根据自我评估的结果，生产者可以明确自身的管理能力范围，并在此基础上选择合适的蔬菜品种。

如果生产者具备较高的管理水平和丰富的管理经验，可以选择对管理要求较高的品种，通过精细化的管理获得更高的产量和更好的品质；如果生产者的管理水平相对较低或设施条件有限，则可以选择适应性较强的品种，以降低管理难度和风险。

总之，在选择设施蔬菜品种时，生产者应充分考虑品种对管理水平的适应性，确保所选品种与自身的管理能力和设施条件相匹配，以实现蔬菜生产的顺利进行和经济效益的最大化。

三、品种适应性及产量潜力的考量

在选择设施蔬菜品种时，对其适应性和产量潜力的评估是至关重要的。以下是对这两个方面的详细考量。

（一）品种在不同设施条件下的生长表现

1．温度条件

（1）耐寒性：对于耐寒性强的品种，即使在较低的温度下也能保持正常的生长速度和生理活动。生产者应观察这些品种在低温条件下的发芽率、幼苗成活率、生长速度以及叶片颜色等，以评估其耐寒性。

（2）耐热性：对于耐热性好的品种，在高温条件下仍能正常生长，不受高温胁迫的影响。生产者应关注这些品种在高温下的生长状态，如叶片卷曲程度、萎蔫程度以及产量和品质的变化等。

（3）温度适应性范围：不同品种对温度的适应性范围不同。生产者应了解所选品种的最适生长温度范围，以及超出这个范围时的生长表现，以确保品种能在设施内的温度条件下健康生长。

2．光照条件

（1）光合效率：光合效率高的品种在相同光照条件下能合成更多的有机物，促进生长。生产者应关注品种在不同光照强度和时间下的光合效率，如叶片的叶绿素含量、光合速率等。

（2）叶片形态和颜色：光照对叶片形态和颜色有显著影响。生产者应观察品种在不同光照条件下的叶片形态变化（如叶片大小、厚度、形状等）和颜色变化（如叶片颜色深浅、鲜艳度等），以评估品种对光照的适应性。

（3）光照需求：不同品种对光照的需求不同。生产者应了解所选品种的光照需求，如光照强度、光照时间等，以确保设施内的光照条件能满足品种的生长需求。

3．湿度条件

（1）根系发育：湿度对根系的发育有重要影响。生产者应观察品种在不同湿度条件下的根系发育情况，如根系的长度、数量、活力等，以评估品种对湿度的适应性。

（2）叶片生长：湿度过高或过低都会影响叶片的生长。生产者应关注品种在不同湿度条件下的叶片生长状况，如叶片大小、厚度、色泽等，以判断湿度对品种生长的影响。

（3）湿度适应性范围：不同品种对湿度的适应性范围不同。生产者应了解所选品种的湿度适应性范围，以及超出这个范围时的生长表现，以便在设施内合理调控湿度。

4．土壤条件

（1）土壤酸碱度：不同品种对土壤酸碱度的适应性不同。生产者应评估品种在不同酸碱度土壤中的生长表现，以选择适合当地土壤条件的品种。

（2）土壤肥力：土壤肥力对植物的生长有重要影响。生产者应观察品种在不同肥力水平下的生长状况，如叶片颜色、生长速度等，以评估品种对土壤肥力的适应性。

（3）土壤类型：不同品种对土壤类型的要求也不同。生产者应了解所选品种对土壤类型的适应性，如砂土、壤土、黏土等，以确保所选品种能在当地土壤条件下健康生长。

（二）品种对设施环境变化的响应机制

1．抗逆性

在设施栽培过程中，品种经常需要面对各种环境胁迫，如极端温度（高温或低温）、干旱以及病害的威胁。这些品种所展现出的抗逆性，不仅体现在它们能在逆境中维持稳定的生长状态，更在产量和品质上展现出其独特优势。生产者应密切关注品种在逆境条件下的具体表现，包括生长速度、叶片色泽、果实发育等，以评估其抗逆能力的强弱，从而选择那些能在不利环境下依然保持高产优质的品种。

2．生长调节

为了适应设施内的环境变化，品种会通过一系列的生长调节机制来应对。这些机制可能涉及叶片角度的调整、根系生长的变化，以及生物节律的调整等。生产者需要深入了解这些生长调节机制，以便在设施栽培过程中采取相应的管理措施，如调整灌溉频率、施肥量或光照条件等，从而帮助品种更好地适应环境变化，实现健康生长。

（三）品种产量潜力的评估与比较

1. 单株产量评估

为了评估品种的产量潜力，我们首先需要观察在相同管理条件下各品种的单株产量。这一指标直接反映了品种在特定环境下的生长能力和产量潜力。通过对比不同品种的单株产量，我们可以初步判断哪些品种具有更高的产量潜力。

2. 单位面积产量比较

为了更全面地评估品种的产量水平，我们还需要计算单位面积内的总产量。这一指标不仅考虑了单株产量，还结合了种植密度和土地利用率等因素。通过对比不同品种的单位面积产量，我们可以选择出那些在单位土地上能产生更高经济效益的品种，从而实现高产优质的目标。

3. 产量稳定性分析

在评估品种产量潜力的过程中，我们还需要关注其产量稳定性。即在不同年份或不同环境条件下，品种的产量表现是否一致和稳定。稳定的产量有助于降低生产风险，确保生产者能够获得持续的经济收益。因此，在选择品种时，我们应考虑那些在不同条件下都能保持较高产量的品种。

（四）品种与设施栽培技术的配合

1. 栽培方式

（1）立体栽培：立体栽培通过对垂直空间的利用，最大化地增加了种植密度和土地利用率。因此，在选择品种时，应优先考虑那些植株紧凑、分枝能力强、抗倒伏性能好的品种，以确保在立体栽培中能够稳定生长且互不干扰。

（2）无土栽培：无土栽培依赖营养液来供给植物生长所需的养分。因此，所选品种应适应营养液生长环境，根系发达且能够充分吸收营养液中的养分。同时，考虑到无土栽培中水肥管理的精确性，选择那些对水肥需求稳定、易于管理的品种将更为理想。

2．水肥管理

（1）水分需求：不同品种对水分的需求差异显著。生产者应根据品种的水分敏感程度来制定灌溉策略。对于水分敏感的品种，应实施精细化的水肥管理，确保土壤或基质中的水分含量始终保持在适宜范围内。而对于抗旱性强的品种，可适当减少灌溉次数，以降低水资源的消耗。

（2）肥料需求：不同品种对肥料的需求也各不相同。生产者应了解所选品种在不同生长阶段对氮、磷、钾等营养元素的需求比例，以制定合理的施肥方案。同时，根据品种的根系特点和养分吸收能力，选择适宜的肥料类型和施用方式，确保养分能够充分被植物吸收利用。

3．病虫害防治

（1）品种抗性：了解品种对常见病虫害的抗性是制定有效防治措施的关键。生产者应选择那些对主要病虫害具有较强抗性的品种，以减少病虫害的发生和传播。

（2）防治措施：针对所选品种的抗性特点，制定有针对性的防治措施。这包括物理防治（如设置防虫网、使用诱虫灯等）、生物防治（如利用天敌昆虫、微生物制剂等）和化学防治（如使用低毒、低残留农药）等多种手段。通过综合应用这些措施，可以有效降低病虫害对品种生长和产量的影响，提高生产效益。

在选择设施蔬菜品种时，生产者应综合考虑其适应性和产量潜力，确保所选品种能够在设施环境中健康生长并获得较高的经济效益。

四、品种抗病性、抗逆性的重要性

在设施蔬菜生产中，品种的选择不仅关乎产量，更关乎品质与生产的稳定性。病害与逆境是影响设施蔬菜产量与质量的关键因素，而选择具有抗病性和抗逆性的品种，则是应对这些挑战的有效策略。

（一）病害与逆境对设施蔬菜产量的影响

设施蔬菜的产量和质量直接受到病害和逆境的威胁。设施环境虽然为蔬菜生长提供了相对稳定的条件，但也容易成为病害的滋生地。常见的病害如霜霉病、炭疽病等，会导致蔬菜叶片枯黄、果实腐烂，不仅影响蔬菜的外观品质，更会导致产量大幅下降。

除了病害，逆境也是设施蔬菜生产中的一大挑战。高温、低温、干旱、盐碱等逆境条件都会对蔬菜的生长产生不利影响。例如，高温可能导致蔬菜生长受限，花朵和果实脱落；低温则可能引发冻害，导致叶片和果实受损。干旱会影响蔬菜的水分供应，导致生长受阻；而盐碱地则可能限制蔬菜的养分吸收，同样影响产量。

因此，病害和逆境是设施蔬菜生产中必须面对的问题。选择具有抗病性和抗逆性的品种，是确保设施蔬菜稳定产量的关键。

（二）抗病性品种的选择与培育

1. 抗病性品种的选择

在选择抗病性品种时，生产者需要综合考虑多个因素。首先，必须了解当地的主要病害类型及其发生规律。不同的地区、不同的季节，病害的发生情况都会有所不同。因此，选择抗病品种时，必须针对当地的主要病害进行。

其次，除了抗病性，品种的产量和品质也是重要的考虑因素。一个抗病但产量低或品质差的品种，显然无法满足生产者的需求。因此，在选择抗病品种时，必须确保其综合性能优越，包括高产量、高品质、良好的适应性等。

最后，还需要考虑品种的遗传稳定性和一致性。一个遗传稳定、一致性好的品种，在生产中更容易保持其优良性状，减少因遗传变异带来的风险。

2. 抗病性品种的培育

抗病性品种的培育是设施蔬菜生产中至关重要的一环。由于设施蔬菜生长环境的特殊性，病害问题往往更为突出，因此，培育具有抗病性的品种对于保障设施蔬菜的产量和质量具有重要意义。以下是一些常用的抗病性品种培育方法，这些方法均基于现代生物技术手段，旨在有效应对设施蔬菜生产中的病害挑战。

（1）遗传改良

遗传改良是通过传统的育种方法，如杂交、回交等，将抗病基因从一个品种转移到另一个品种中，从而培育出具有抗病性的新品种。这种方法虽然耗时较长，但可以获得稳定遗传的抗病品种，为设施蔬菜生产提供长期保障。

在遗传改良过程中，需要选择具有优良抗病性的亲本品种。这些亲本品种可能是在自然条件下表现出抗病性的地方品种，也可能是通过人工诱变或基因突变获得的抗病材料。通过杂交和回交等手段，将这些亲本品种的抗病基因导入到目标品种中，使其获得对该病害的抗性。

杂交是遗传改良中常用的方法之一。通过将两个具有不同优良性状的亲本品种进行杂交，可以获得兼具双方优良性状的后代。在杂交过程中，抗病基因会随着亲本的遗传物质一起传递给后代，从而实现抗病性的遗传改良。回交则是将杂交后代与其中一个亲本进行多次交配，以进一步固定和提纯抗病基因，获得更加稳定遗传的抗病品种。

遗传改良的优点在于其获得的抗病品种具有稳定遗传的特点，能够在设施蔬菜生产中持续发挥抗病作用。同时，由于这种方法不涉及外源基因的导入，因此在安全性方面也具有较大优势。然而，遗传改良的缺点也不容忽视。由于育种过程耗时较长，需要多代选择和繁育才能获得理想的抗病品种。此外，由于设施蔬菜生长环境的特殊性，某些在自然条件下表现抗病的品种在设施环境中可能并不适用，因此需要针对设施环境进行专门的抗病品种培育。

（2）基因工程

基因工程是一种更为直接和高效的抗病品种培育方法。通过基因工程技术，可以将特定的抗病基因导入到目标品种中，使其获得对该病害的抗性。这种方法具有针对性强、效率高的优点，能够在较短时间内获得理想的抗病品种。

基因工程技术的核心在于抗病基因的获取和导入。需要从具有优良抗病性的亲本品种或野生种中克隆出抗病基因。这通常需要通过分子生物学手段进行基因序列的分析和克隆。一旦获得了抗病基因，就可以通过基因工程技术将其导入到目标品种中。这通常涉及将抗病基因与适当的载体结合，然后将其导入到目标品种的细胞中。通过细胞培养和筛选等步骤，可以获得具有抗病性的转基因植株。

基因工程技术的优点在于其针对性和高效性。由于可以直接将抗病基因导入到目标品种中，因此可以在较短时间内获得理想的抗病品种。同时，由于抗病基因是直接从具有优良抗病性的亲本品种或野生种中克隆出来的，因此获得的抗病品种往往具有更强的抗病性和更广泛的适应性。然而，基因工程技术也存在一些潜在的风险和挑战。首先，由于涉及外源基因的导入，因此需要严格的安全评估和监管以确保其安全性。其次，由于基因工程技术的高度复杂性和专业性，因此需要专业的技术人员和实验室条件才能实施。

（3）分子标记辅助选择（MAS）

分子标记辅助选择是一种基于分子标记的育种技术。通过利用与目标抗病基因紧密连锁的分子标记，可以在早期筛选出具有特定抗病基因的品种，从而提高育种效率。这种方法具有快速、准确、高效的优点，是现代抗病品种培育的重要手段之一。

分子标记是基因组内特定的 DNA 序列，它们与目标抗病基因紧密连锁，因此可以作为抗病基因的"标签"。通过利用这些分子标记，可以在早期阶段对育种材料进行筛选，从而快速准确地识别出具有特定抗病基因的品种。这不仅可以大大提高育种效率，还可以减少育种过程中的盲目性和随机性。

分子标记辅助选择的实施过程包括以下几个步骤：首先，需要选择与目标抗病基因紧密连锁的分子标记。这通常需要通过分子生物学手段进行基因序列的分析和比较，以确定与目标抗病基因相关的分子标记。其次，需要利用这些分子标记对育种材料进行筛选。这可以通过分子生物学技术如 PCR 扩增、基因芯片等实现。最后，需要对筛选出的具有特定抗病基因的品种进行进一步的评价和选择，以获得理想的抗病品种。

分子标记辅助选择的优点在于其快速、准确、高效的特点。由于可以在早期阶段对育种材料进行筛选，因此可以大大缩短育种周期，提高育种效率。同时，由于分子标记与目标抗病基因紧密连锁，因此筛选出的品种往往具有更强的抗病性和更稳定的遗传性能。然而，分子标记辅助选择也存在一些挑战和限制。首先，需要选择与目标抗病基因紧密连锁的分子标记，这需要对基因序列进行深入的分析和比较。其次，由于分子标记辅助选择技术的高度复杂性和专业性，因此需要专业的技术人员和实验室条件才能实施。

抗病性品种的培育是设施蔬菜生产中至关重要的一环。通过遗传改良、基因工程和分子标记辅助选择等现代生物技术手段的应用，可以有效地将抗病基因导入到目标品种中，培育出具有优良抗病性的新品种。这些抗病品种能够在设施蔬菜生产中持续发挥抗病作用，保障设施蔬菜的产量和质量。同时，由于这些抗病品种具有稳定遗传的特点，因此可以为设施蔬菜生产提供长期保障。在未来的设施蔬菜生产中，抗病性品种的培育将继续发挥重要作用，为设施蔬菜产业的可持续发展提供有力支撑。

（三）抗逆性品种的筛选与应用

在设施蔬菜生产中，逆境条件如高温、低温、干旱、盐碱等常常对蔬菜生长产生不利影响，导致蔬菜产量下降、品质变差。因此，筛选和应用具有抗逆性的品种，对于降低生产风险、提高产量和品质具有重要意义。

1. 抗逆性品种的筛选

在筛选抗逆性品种时，应关注品种对多种逆境的适应性。设施蔬菜生长环境复杂多变，可能同时面临多种逆境的胁迫。因此，在筛选过程中，需要通过模拟不同的逆境条件，如高温、低温、干旱、盐碱等，对品种进行抗逆性鉴定。通过观察和测量品种在逆境条件下的生长情况、产量和品质等指标，筛选出具有广泛适应性的品种。

同时，在筛选抗逆性品种时，还应考虑品种的产量、品质等其他性状。逆境条件往往会对蔬菜的生长和产量产生不利影响，因此，所选品种在逆境条件下仍能保持较高的产量和品质是非常重要的。通过综合考虑品种的抗逆性、产量和品质等性状，可以筛选出既适应逆境条件又具有高产优质特性的品种。

2. 抗逆性品种的应用

抗逆性品种的应用对于降低生产风险、提高产量具有重要意义。在设施栽培中，应根据当地的气候条件和土壤状况，选择适宜的抗逆性品种进行种植。例如，在高温多湿的地区，可以选择耐热、抗病的品种；在盐碱地地区，可以选择耐盐碱的品种。通过选择适宜的抗逆性品种，可以更好地适应当地的生长环境，降低因逆境条件导致的生产风险。

同时，在种植抗逆性品种时，还需要采取合理的栽培管理措施，以进一步发挥抗逆性品种的优势。例如，可以通过调整灌溉量、施肥量等措施，为蔬菜生长提供适宜的水分和养分条件；可以通过合理密植、及时采摘等措施，改善蔬菜群体的生长环境，提高光合效率和产量。通过这些栽培管理措施的实施，可以更好地发挥抗逆性品种的潜力，提高设施蔬菜的产量和品质。

（四）抗病、抗逆性品种的长期效益分析

1. 产量稳定性

抗病、抗逆性品种在长期的种植过程中，由于其优异的抗病性和抗逆性，能够在面临各种病害和环境逆境时保持相对稳定的生长和产量。这意味着即使遇到不利的生长条件，如病虫害暴发、极端天气等，这些品种也能维持一定的产量水平，有效减少产量的剧烈波动。对于生产者而言，这意味着更稳定的收益预期，能够降低经营风险，为长期经营提供有力保障。

2. 减少投入成本

抗病、抗逆性品种对农药和化肥的依赖程度较低。由于它们具有较强的抗病性，可以减少或避免使用部分针对特定病害的农药，从而降低农药的使用量。同时，其抗逆性也意味着在逆境条件下能够正常生长，减少因逆境造成的生长受限和产量下降，从而减少因补救措施（如增加施肥、灌溉等）而增加的成本。减少农药和化肥的使用量，不仅降低了生产成本，还有助于保护环境和土壤健康，降低生态风险。

3. 提升产品品质

抗病、抗逆性品种在逆境条件下仍能保持较好的生长状态，这意味着它们能够在不利的生长环境中保持果实的外观品质和内在品质。减少病害和逆境对果实品质的影响，能够生产出更加美观、口感更佳、营养更丰富的蔬菜产品。这些高品质的产品更容易受到消费者的青睐，满足市场对高品质蔬菜的需求。

4. 长期市场竞争力

抗病、抗逆性品种在长期种植过程中能够保持稳定的产量和品质，这为生产者提供了持续的市场竞争力。即使在面临市场波动、消费者需求变化等挑战时，这些品种也能够保持稳定的产量和品质水平，满足市场需求。同时，这些品种能

够适应不同的气候条件和土壤状况，具有较强的适应性和广泛的种植前景。这意味着生产者可以在不同的地区、不同的环境条件下种植这些品种，进一步扩大市场份额和种植规模。这种长期的市场竞争力将为生产者带来更大的经济效益和发展空间。

第二节　主要蔬菜设施栽培品种介绍

一、叶菜类蔬菜品种

（一）常见叶菜类品种特性

叶菜类蔬菜是日常餐桌上不可或缺的一部分，以其独特的口感和营养价值受到广泛欢迎。这类蔬菜主要包括菠菜、生菜、芹菜等，每种都有其独特的品种特性和风味。

1. 菠菜

菠菜是一种营养丰富的叶菜，以其深绿色的叶片和大而圆的叶形为特点。菠菜叶片肥厚，质地柔嫩，口感清甜，略带一丝涩味。菠菜富含铁、钙、维生素A、维生素C等多种营养成分，被誉为"营养模范生"。不同品种的菠菜在叶片形态、颜色深浅和口感上有所差异，如"圆叶菠菜"叶片大而圆，"尖叶菠菜"则叶片较尖，口感更加爽脆。

2. 生菜

生菜以其脆嫩多汁、口感清爽而著称。生菜叶片薄而脆，颜色鲜绿，富含膳食纤维和多种维生素。生菜在品种上十分丰富，有散叶生菜、结球生菜、奶油生菜等多种类型。其中，散叶生菜叶片松散，生长迅速；结球生菜则叶片紧密抱合，形成球状，更耐贮藏和运输。奶油生菜则因其独特的奶香味而备受欢迎。

3. 芹菜

芹菜以其独特的香味和脆嫩的口感而深受人们喜爱。芹菜叶片翠绿，叶柄长而粗壮，富含膳食纤维、维生素 C 和多种矿物质。芹菜在品种上也有所差异，如"西芹"叶柄长而粗，口感更加脆嫩；"本芹"则叶柄短而细，香味更浓。此外，还有一些特殊品种的芹菜，如"香芹"和"水芹菜"，它们在口感和香味上都有其独特之处。

这些叶菜类蔬菜的共同特点是生长期短、采收灵活、栽培广泛且品种繁多。它们不仅富含多种维生素和矿物质，而且口感清脆、味道鲜美，深受消费者喜爱。在栽培过程中，通过选择适合当地气候和土壤条件的品种、合理安排播种时间和密度、科学施肥和灌溉等措施，可以进一步提高叶菜类蔬菜的产量和品质。

（二）设施栽培中的叶菜类品种选择

在设施栽培中，选择适合的叶菜类品种是确保产量、品质和经济效益的关键。以下是一些在选择叶菜类品种时需要考虑的因素和推荐的优良品种。

首先，应选择生长势强、适应性广的品种。这些品种能够在设施内稳定生长，不受或少受环境因素的影响。例如，菠菜中的"圆叶菠菜"和"芫荽"（香菜）就是两个很好的选择。它们不仅生长迅速，而且具有较强的抗逆性，能够适应设施内的生长环境。

其次，应选择抗病性好的品种。设施栽培中，由于环境相对封闭，病虫害的传播速度较快，因此选择抗病性强的品种对于减少农药使用、保护环境、降低成本和提高产量具有重要意义。例如，一些新品种如"东方 801"小白菜和"矮精灵 818"小白菜，它们不仅口感独特、品质优良，而且具有较强的抗病性，非常适合在设施栽培中种植。

此外，在选择品种时还需要考虑市场需求和消费者的喜好。一些具有独特口感、色泽和营养价值的叶菜类品种，如紫甘蓝、红叶生菜等，虽然价格较高，但因其独特性和营养价值而受到部分消费者的青睐。因此，根据市场需求和消费者喜好选择合适的品种，也是提高经济效益的重要途径。

二、果菜类蔬菜品种

（一）常见果菜类品种特性

果菜类蔬菜，如番茄、黄瓜、茄子等，是以其果实作为主要产品的一大类蔬菜。这些蔬菜在农业生产中占据重要地位，不仅因为它们具有较长的生长期和较高的产量，还因为它们的果实口感鲜美、营养价值丰富，深受消费者喜爱。

1．番茄

番茄果实多样，有红色、黄色、橙色等多种颜色，形状也有圆形、椭圆形、心形等多种。它们的口感酸甜适中，富含维生素 C 和多种矿物质。不同品种的番茄在甜度、酸度、果肉厚度等方面有所差异，满足不同消费者的口味需求。

2．黄瓜

黄瓜以其细长的果实和清爽的口感著称。不同品种的黄瓜在长度、粗细、表皮颜色、果肉质地等方面存在差异。一些品种的黄瓜口感脆嫩，适合生食；而另一些品种的黄瓜则口感较为软嫩，适合烹饪。

3．茄子

茄子果实呈长条形或椭圆形，颜色有紫色、绿色等多种。茄子口感绵软，富含多种维生素和矿物质。不同品种的茄子在果实大小、颜色深浅、果肉质地等方面有所不同。

（二）设施栽培中的果菜类品种选择

在设施栽培中，果菜类品种的选择至关重要。由于设施内的生长环境相对稳定，可以人为控制光照、温度、湿度等条件，因此应选择那些果实品质好、产量高、抗病性强的品种。

1．果实品质好

在设施栽培中，应优先选择那些果实形状整齐、色泽鲜艳、口感佳的品种。这些品种能够满足消费者对高品质蔬菜的需求，提高市场竞争力。

2．产量高

设施栽培的成本相对较高，因此应选择那些生长势强、产量高的品种。这些品种能够在有限的生长空间内产生更多的经济效益。

3. 抗病性强

设施内的环境相对封闭，容易滋生病虫害。因此，选择那些抗病性强的品种能够减少农药的使用量，降低生产成本，同时也有利于保护环境和人体健康。

例如，"串珠樱桃番茄"就是一种非常适合设施栽培的番茄品种。它的果实小巧玲珑、色泽鲜艳、口感甜美，而且具有较强的抗病性。此外，"98—6"水果树莓也是一种优良的设施栽培品种，它的果实美味可口、营养丰富，且具有较强的适应性。另外，"京冠七号"黄瓜也是近年来在设施栽培中广受欢迎的品种之一，它以其早熟、抗病性强、产量高等特点受到市场的青睐。

三、根茎类蔬菜品种

（一）常见根茎类品种特性

根茎类蔬菜以其肥大的根茎为主要产品，包括胡萝卜、红薯、洋葱等。这些蔬菜在农业种植中占据着不可或缺的地位，为人们提供了丰富的营养来源。

1. 胡萝卜

胡萝卜的根茎呈长圆锥形，外皮颜色多为橙色或黄色，口感脆甜，富含胡萝卜素、维生素 C 和膳食纤维。胡萝卜具有较强的适应性，能在多种土壤和气候条件下生长，尤其喜欢疏松、肥沃、排水良好的土壤。

2. 红薯

红薯的根茎为块根，外皮颜色多样，有红色、紫色、白色等，内部肉质多为黄色或橙色。红薯口感甜美，富含淀粉、膳食纤维和多种维生素。红薯适应性广，耐旱、耐瘠薄，能在多种土壤和气候条件下生长。

3. 洋葱

洋葱的根茎为鳞茎，外皮为紫红色或白色，内部肉质层洁白或淡黄色。洋葱具有独特的辛香味，口感清脆，富含硫化物和多种维生素。洋葱耐寒性强，能在较冷的气候条件下生长，同时也适应温暖湿润的环境。

（二）设施栽培中的根茎类品种选择

在设施栽培中，根茎类品种的选择至关重要，以确保能够在人为控制的环境中稳定生长并达到高产优质的目标。

1. 根茎肥大

选择根茎肥大、形状整齐、色泽鲜艳的品种，能够满足消费者对高品质蔬菜的需求。这些品种在设施栽培中往往能表现出更高的产量和更好的品质。

2. 口感好

在品种选择上，注重口感的优良性。选择那些口感脆甜、肉质细腻、风味独特的品种，能够提升产品的市场竞争力。

3. 适应性广

设施栽培中的环境虽相对稳定，但也可能面临一些不可预测的因素。因此，选择那些适应性强、抗逆性好的品种，能够确保在设施内稳定生长并减少因环境因素导致的损失。

例如，"中研冬悦"和"京冠七号"就是适合设施栽培的根茎类蔬菜品种。它们不仅根茎品质优良，而且具有较强的抗病性和耐低温能力。在设施栽培中，这些品种能够稳定生长并达到高产优质的目标，受到市场的广泛欢迎。

四、特种蔬菜品种

（一）特种蔬菜的栽培价值

特种蔬菜，如洋姑娘（毛酸浆）、灯笼果等，虽然在市场上并不属于传统的高档蔬菜类别，但它们因其独特的口感、营养价值和药用价值而具有一定的市场需求。这些蔬菜往往具备独特的风味、丰富的营养成分和特殊的保健功能，因此受到一部分消费者的青睐。

特种蔬菜的栽培价值主要体现在以下几个方面。

1. 市场需求

随着人们生活水平的提高和健康意识的增强，对于特种蔬菜的需求逐渐增加。这些蔬菜以其独特的口感和营养价值满足了消费者对健康、美味、新奇食品的追求。

2．经济效益

特种蔬菜通常具有较高的售价，因为它们往往具有独特性和稀缺性。种植特种蔬菜能够为农民带来更好的经济收益，尤其是在设施栽培条件下，通过控制生长环境、提高产量和品质，能够进一步增加经济效益。

3．健康价值

许多特种蔬菜不仅口感独特，而且富含多种对人体有益的营养成分，如维生素、矿物质、膳食纤维等。这些蔬菜具有促进健康、预防疾病的作用，符合现代人对健康饮食的追求。

（二）设施栽培中的特种蔬菜品种选择

在设施栽培中，选择适合的特种蔬菜品种至关重要。以下是一些在选择特种蔬菜品种时需要考虑的因素和推荐的品种。

1．独特口感和营养价值

选择那些具有独特口感和营养价值的特种蔬菜品种，能够满足消费者对高品质、健康食品的需求。例如，"洋姑娘"（毛酸浆）就是一种口感香甜、营养丰富的特种蔬菜品种，其果实不仅可以食用，而且全草还可以作为中药材使用，具有较高的经济价值。

2．适应性

在设施栽培中，选择那些适应性强、抗病性好的品种能够确保稳定生长和减少损失。因此，在选择特种蔬菜品种时，应充分考虑其适应性和抗病性。

3．市场需求

在选择特种蔬菜品种时，应充分考虑市场需求和消费者的喜好。通过了解市场需求和消费者偏好，选择那些具有市场前景和潜力的品种，能够确保产品的畅销和农民的收益。

例如，"紫霞"小白菜和"红袖"小白菜就是适合设施栽培的特种蔬菜品种。它们不仅具有独特的外观和品质，而且口感鲜美、营养丰富，受到市场的广泛欢迎。此外，"串珠樱桃番茄"等具有独特风味和口感的特种蔬菜品种也值得考虑。

第三节 抗逆性状的培育与遗传改良

一、抗逆性状的定义与重要性

抗逆性状，这一术语直观地描述了植物在不利环境条件下的生存与适应能力。当植物遭遇如干旱、高温、盐碱土壤及病虫害等逆境时，这些性状便显得尤为关键。它们不仅是植物为了维持正常生长和发育所展现出的生物学特性，更是植物经过长期自然选择和进化后形成的一种生存策略。

抗逆性状对于植物的生存至关重要。自然界的环境条件复杂多变，时而会遭遇极端天气或自然灾害。在这样的背景下，抗逆性状就像是植物的"护身符"，帮助它们在恶劣环境中站稳脚跟，确保生存并繁衍后代。换言之，这些性状直接关乎到植物种群的存续。

在农业生产领域，抗逆性状的重要性更是不言而喻。农作物的产量和质量直接受到环境条件的影响。干旱和高温等不利因素往往会导致作物生长受阻，产量下降，甚至可能引发作物死亡。而具备抗逆性状的农作物则能在这些逆境中表现出更强的生命力，从而保持稳定的产量和农产品的优质。这不仅对农民而言意味着经济上的保障，更对整个社会的粮食安全有着深远的影响。

抗逆性状与农业生产的可持续性和全球粮食安全紧密相连。在全球气候变化的大背景下，极端天气事件频发，这对农业生产构成了巨大的挑战。通过培育具有抗逆性状的农作物，我们可以降低农业生产对化肥、农药等外部投入的依赖，从而减少对环境的污染和破坏。同时，这些作物能更好地抵御自然灾害的侵袭，确保粮食生产的稳定性和持续性。这对于维护全球粮食安全、促进社会经济的稳定发展具有十分重要的意义。

抗逆性状不仅是植物生存和繁衍的基石，更是农业生产可持续发展和全球粮食安全的重要保障。因此，深入研究抗逆性状的遗传机制，并通过现代生物技术手段进行改良和培育，将是我们未来努力的重要方向。

二、抗逆性状的遗传基础

（一）遗传标记与基因定位

在遗传学领域，遗传标记是理解生物遗传特性和进行基因定位的关键工具。当我们深入探讨抗逆性状的遗传基础时，这一概念变得尤为重要。遗传标记，简而言之，是能够明确反映生物体遗传多态性的特征。这些标记如同染色体上的独特印记，为我们指明了一条寻找和识别与特定遗传性状相关基因的路径。

想象一下，如果我们要在一片茫茫的基因海洋中寻找一个与抗逆性状相关的特定基因，这无疑是一项艰巨的任务。然而，有了遗传标记作为指引，这一过程就变得有迹可循。这些标记就像是道路上的路标，不仅能告诉我们前进的方向，还能帮助我们精确地锁定目标位置。

在过去的几年里，分子标记技术的迅猛发展极大地推动了遗传学的研究进程。其中，SSR（简单序列重复）和 SNP（单核苷酸多态性）两种技术备受瞩目。SSR 技术关注的是 DNA 序列中重复单元的数量变化，而 SNP 则着眼于单个核苷酸的变异。这两种技术虽各具特色，但共同之处在于它们都能够在 DNA 水平上提供高分辨率的遗传信息。

通过运用 SSR 和 SNP 等分子标记技术，育种家们能够以前所未有的精度追踪和识别与抗逆性状相关联的基因。这不仅意味着我们可以更准确地定位到影响植物抗逆性的关键遗传因子，还为后续的遗传改良工作奠定了坚实的基础。例如，一旦我们确定了与抗旱性相关的基因位置，就可以通过基因编辑技术来增强这一性状，从而培育出更适应干旱环境的作物品种。

遗传标记与基因定位是相互关联、相辅相成的两个环节。遗传标记为我们提供了寻找目标基因的线索和工具，而基因定位则是实现这一目标的具体过程。随着分子标记技术的不断进步和应用范围的扩大，我们有理由相信，在不久的将来，我们将能够更深入地了解抗逆性状的遗传奥秘，并据此培育出更加优良、适应性更强的植物品种。

（二）数量性状的遗传分析

在探讨抗逆性状的遗传基础时，数量性状的遗传分析是一个关键环节。抗逆性状，如抗旱性、耐盐性等，通常并非由单一基因所决定，而是由多个基因共同作用的结果。这种多基因遗传的特性使得抗逆性状的表现呈现出连续的变化范围，而非简单的"有"或"无"。

为了深入理解这些复杂性状的遗传机制，科研人员需要运用数量性状的遗传分析方法。这类方法的核心在于剖析多个基因如何共同影响一个性状，并量化每个基因的效应大小。数量性状基因座（QTL）分析便是其中的一种重要手段。

通过 QTL 分析，可以精确地定位到染色体上那些与抗逆性状显著相关的基因区域。这些区域被称为 QTL，它们可能包含了一个或多个对抗逆性状具有关键影响的基因。QTL 分析的优势在于，它不仅能够指出哪些基因区域对性状有影响，还能进一步评估这些区域对性状变异的贡献程度。

确定了影响抗逆性状的关键基因区域后，接下来的工作便是深入探究这些区域内的具体基因及其功能。这包括了解这些基因是如何通过编码特定的蛋白质来影响抗逆性状的，以及它们在植物应对逆境时的表达模式是怎样的。

数量性状的遗传分析不仅为我们提供了关于抗逆性状遗传机制的深入理解，还为后续的遗传改良工作指明了方向。通过知道哪些基因对抗逆性状有重要影响，育种家可以更有针对性地进行基因编辑或转基因操作，以期培育出具有更强抗逆性的新品种。这种精准育种的方法将有助于提高农作物的抗逆性，从而增强其在多变和极端环境中的生存能力，最终保障粮食生产的稳定性和可持续性。

三、抗逆性状的培育方法

（一）常规育种技术

常规育种技术是植物育种中最基础且广泛应用的方法，其核心在于通过自然选择和人工选择相结合的方式，从现有种质资源中筛选出具有优良性状的个体，再通过杂交、回交等手段，将这些优良性状集中并稳定遗传给后代，从而培育出符合人类需求的新品种。在抗逆性状的培育中，常规育种技术发挥着举足轻重的作用。

系统育种是常规育种技术的一种重要方法。它侧重于在现有品种或种质资源中，通过细致的观察和鉴定，挑选出那些自然突变或经过长期自然选择而形成的具有优良抗逆性状的个体。这些个体可能是在特定的环境条件下，经过长时间的适应和演化，获得了对某些逆境的较强抵抗力。系统育种的关键在于准确鉴定和选择这些具有抗逆性状的个体，并通过适当的繁殖方式，保持和增强这些性状。

杂交育种则是通过人工控制下的杂交过程，将两个或多个具有不同优良性状的亲本进行杂交，以期在后代中获得集多个优良性状于一身的新品种。在抗逆育种中，杂交育种可以有效地将不同品种间具有互补性的抗逆性状组合在一起，从而产生更具抗逆性的新品种。这种方法的关键在于选择合适的亲本，以及通过精心设计的杂交方案和后代选择策略，确保优良性状的稳定遗传。

回交育种是一种特殊的杂交育种方式，它通过将杂交后代与某一亲本反复回交，旨在将某一特定性状（如抗逆性状）转移到另一品种中，同时保持其他性状的稳定。这种方法在抗逆育种中尤为重要，因为它可以在不改变品种其他优良性状的前提下，显著提高品种的抗逆性。通过回交育种，育种家可以精确地控制和改进品种的抗逆性状，从而满足特定的生产需求。

（二）生物技术在抗逆育种中的应用

生物技术的迅猛发展，为抗逆育种领域带来了革命性的变革。现代生物技术的应用，尤其是基因编辑和转基因技术，为培育具有更强抗逆性的植物品种提供了新的有力工具。

基因编辑技术，如 CRISPR-Cas9，已经在抗逆育种中展现了巨大的潜力。这一技术允许科研人员以极高的精确度修改植物的基因组，从而实现对特定基因的定向改造。在抗逆育种中，这意味着可以直接对与抗逆性相关的基因进行编辑，以增强或引入新的抗逆性状。例如，通过编辑植物的抗旱基因，可以提高植物在干旱条件下的生存能力。这种精确性不仅提高了育种的效率，也使得新品种的抗逆性更加稳定和可靠。

转基因技术在抗逆育种中也发挥着重要作用。通过这一技术，科研人员可以将具有抗逆功能的外源基因导入植物中，从而赋予植物全新的抗逆能力。这种方法的优势在于，它可以突破物种间的遗传壁垒，将不同物种中的优良抗逆基因进行转移和整合。例如，将某些微生物或极端环境下生存的植物中的抗逆基因转移到农作物中，可以显著提升农作物的抗逆性，使其更好地适应各种恶劣环境。

生物技术的应用不仅为抗逆育种提供了新的途径，也大大拓展了育种的可能性。与传统的常规育种技术相比，生物技术具有更高的精确性和效率。然而，这些技术的应用也需要在严格的监管和伦理框架下进行，以确保其安全性和可持续性。

四、遗传改良与设施栽培的结合

（一）设施条件下抗逆性状的优化

设施栽培技术的运用对植物抗逆性状的优化起到了至关重要的作用。这种技术为植物创造了一个相对可控的生长环境，使得育种家能够精确地调控温度、湿度、光照等关键环境因素，进而在特定的环境压力下对植物的抗逆性状进行有针对性的筛选和优化。

在温室或大棚等设施中，育种家可以模拟各种逆境条件，如干旱、高温等，来观察并记录植物在这些极端环境下的反应和适应性变化。例如，在模拟干旱条件下，可以监测植物的水分利用效率、叶片气孔导度等生理指标，从而评估其抗旱能力的强弱。同样，在高温环境中，通过观察植物的叶绿素含量、光合作用速率等参数，可以判断其耐热性的优劣。

这种在设施条件下进行的抗逆性状筛选和优化，具有显著的优势。首先，它大大提高了抗逆育种的效率和准确性。通过模拟特定的逆境条件，育种家可以在较短的时间内对大量植物材料进行筛选，从而快速鉴定出具有优良抗逆性状的个体。其次，设施栽培还为育种家提供了更多的灵活性。他们可以根据研究需求，随时调整环境条件，以探究不同逆境对植物抗逆性状的影响。

此外，设施条件下抗逆性状的优化还有助于揭示植物抗逆性的生理和分子机制。通过对比分析在逆境和正常环境下植物的生长和生理响应，育种家可以深入了解植物是如何适应和抵御各种环境压力的。这些知识将为后续的抗逆育种工作提供宝贵的理论依据和实践指导。

（二）设施栽培对抗逆性品种需求的响应

设施栽培技术的不断进步，对植物抗逆性品种产生了新的需求。由于设施环境能够在一定程度上实现对温度、湿度、光照等关键环境因子的调控，这种技术的广泛应用使得植物生产可以在更广阔的地域和更复杂的条件下进行。然而，这种调控能力同时也意味着植物需要面对更多变的环境条件，从而对植物品种的抗逆性提出了更高要求。

在这种背景下，育种家必须重新审视传统育种目标，并根据设施栽培的特性和需求来定向培育具有更强抗逆性的新品种。这是因为，尽管设施栽培能够在一定程度上减少自然灾害等不可控因素对植物生长的影响，但设施内部环境依然可能受到外部气候、设备故障、管理失误等多种因素的影响而发生波动。因此，植物需要具备更强的抗逆性以应对这些潜在的环境变化。

为了满足这一需求，育种家需要通过深入研究和应用现代生物技术，来挖掘和利用与抗逆性相关的基因资源。例如，可以通过基因编辑技术来精确修改植物的遗传信息，以增强其抗逆性；或者通过转基因技术来引入具有抗逆功能的外源基因，从而赋予植物新的抗逆性状。同时，设施栽培还为这些生物技术的应用提供了理想的实验环境，使得育种家能够在更加可控的条件下进行遗传改良工作。

此外，设施栽培还为抗逆育种提供了更多的可能性和灵活性。由于可以在设施内模拟各种环境条件，育种家可以根据需要调整育种策略，以针对特定的抗逆性状进行筛选和优化。这种灵活性不仅有助于加速育种进程，还能够提高新品种对多变环境的适应能力。

第六章 智慧农业概述

第一节 智慧农业的定义与组成

一、智慧农业的基本概念

（一）智慧农业的定义

智慧农业，顾名思义，融合了"智慧"与"农业"两大元素。这里的"智慧"主要体现在现代信息技术的应用上，包括但不限于物联网、大数据、云计算和人工智能等尖端技术。当这些技术与农业生产的各个环节——从播种、管理到销售——实现深度结合时，便催生了一种新型的农业生产方式，即智慧农业。

在这种方式下，农业生产过程呈现出智能化、精准化和高效化的特点。智能化使得农田管理更加便捷、准确；精准化确保了资源的有效利用，避免了浪费；而高效化则体现在整体生产流程的优化上。这些特点共同作用于农业生产，旨在提升生产效率，降低资源浪费，同时优化农业生态环境，确保农产品的质量与安全。

更为重要的是，智慧农业不仅关注当下的生产效益，它还着眼于未来，致力于满足现代社会对农业可持续发展的需求。通过减少化肥和农药的过度使用，智慧农业在保护环境的同时，也为后代留下了一个更为绿色、健康的农业生产模式。

（二）智慧农业的特点

1．数据驱动

智慧农业的一个显著特点就是数据驱动。这意味着农业生产决策不再仅仅依赖于农民的经验或直觉，而是更多地基于科学、客观的数据分析。这些数据可能来源于各种传感器对土壤湿度、温度、养分等关键指标的实时监测，也可能来自对气候条件、作物生长状况的长期观察和记录。通过收集和分析这些数据，农民或农业专家可以更加准确地了解农田的实时状况，从而做出更为合理的生产决策。

2．智能化管理

随着物联网和人工智能技术的快速发展，智慧农业得以实现农田环境的实时监控和自动调节。例如，通过安装智能灌溉系统，可以根据土壤湿度和作物需求自动调整灌溉量，既保证了作物的正常生长，又避免了水资源的浪费。同样，智能施肥系统也可以根据作物的生长阶段和土壤养分状况来精准投放肥料，提高肥料的利用率。

3．精准化操作

在传统的农业生产中，播种、施肥、灌溉等操作往往依赖于农民的个人经验和感觉，这不仅效率低下，而且容易造成资源的浪费。然而，在智慧农业中，这些操作都变得精准化。利用农田环境的实时数据和作物生长模型，农民可以精确地知道何时播种、何时施肥、何时灌溉以及施用的量应该是多少。这种精准化操作不仅提高了资源的利用效率，也有助于提升农产品的产量和质量。

4．可持续性

智慧农业的最后一个特点是可持续性。面对全球气候变化和环境污染的严峻挑战，可持续性已经成为现代农业发展的必然趋势。智慧农业通过减少化肥农药的使用、优化水资源管理、提高土壤养分利用效率等措施，显著降低了农业生产对环境的负面影响。同时，通过智能化和精准化的管理手段，智慧农业还有助于提升生态系统的稳定性和多样性，从而实现农业生产的长期可持续发展。

二、智慧农业的组成要素

（一）智能化农业设备与技术

智能化农业设备与技术在智慧农业中扮演着至关重要的角色。这些设备和技术不仅提升了农业生产效率，还为实现精准农业管理提供了强有力的支持。

智能化农业设备是现代科技与农业生产相结合的产物。其中，智能传感器是农田环境的"眼睛"和"耳朵"，能够实时监测土壤湿度、温度、养分以及空气湿度等关键环境参数。这些数据对于了解作物生长状况、预测病虫害发生以及调整管理措施至关重要。无人机则像农田上空的"侦察兵"，它们可以快速高效地收集农田的影像数据，帮助农民及时发现并处理作物生长中的问题，如病虫害、营养不足等。而智能机器人则像是农田中的"勤劳助手"，它们可以执行播种、施肥、除草等重复性的农业操作，大大减轻了农民的劳动负担。

然而，这些智能化设备的高效运作离不开先进技术的支持。物联网技术将这些设备连接成一个庞大的网络，实现了数据的实时传输和共享，使得农民可以随时随地了解农田的最新情况。遥感技术则通过卫星或飞机收集农田的遥感影像，为农民提供了更为宏观和全面的视角，有助于制订更为科学的农业生产计划。图像识别技术则能够对这些影像数据进行深入的分析和处理，自动识别出作物的生长状况、病虫害等问题，为农民提供更为精准的决策依据。

（二）农业大数据与云计算平台

在智慧农业的发展中，农业大数据与云计算平台是不可或缺的技术支柱。它们不仅改变了传统农业的数据处理方式，还为农业生产提供了更为精准和科学的决策依据。

农业大数据涵盖了通过各类智能化设备，如传感器、无人机等收集的海量数据。这些数据包括但不限于土壤湿度、温度、养分含量，作物的生长状况，病虫害情况，以及气候条件等。这些数据的收集是全方位的、实时的，为农业生产提供了前所未有的信息透明度。

但数据的收集仅仅是第一步，更重要的是如何将这些数据转化为对农业生产有价值的信息。这就需要进行深入的数据分析和挖掘。通过对历史数据和实时数据的对比，可以预测作物的生长趋势，及时发现潜在问题，并制定相应的管理措施。例如，通过分析土壤数据，可以精确调整施肥和灌溉计划，既保证作物健康生长，又避免资源浪费。

处理如此庞大的数据量，需要强大的计算能力作为支撑。这就是云计算平台发挥作用的地方。云计算平台提供了弹性的、可扩展的计算资源，能够高效地存储、处理和分析农业大数据。通过云计算，农民和农业专家可以随时随地访问这些数据和分析结果，从而做出更为明智的决策。

云计算平台还促进了数据的共享和协作。不同地区的农田数据可以汇聚到云端，形成一个庞大的数据库。农业科研机构、政府部门和农业生产者可以共同利用这些数据，进行更为深入的研究和合作。

农业大数据与云计算平台共同构成了智慧农业的数据处理和分析体系。它们不仅提高了农业生产的精准度和效率，还为农业的可持续发展提供了新的路径。通过充分利用这两大技术，我们可以期待一个更加高效、环保、科学的农业未来。

（三）精准农业管理系统

精准农业管理系统作为智慧农业的核心组成部分，其设计理念基于数据驱动和科学决策，旨在通过实时数据和先进的作物生长模型，为农业生产提供个性化的管理方案。这一系统的出现，标志着农业生产从传统的经验型向数据型、精准型转变。

该系统首先依赖于农田环境中布置的各类传感器和智能化设备，这些设备能够实时收集土壤、气候、作物生长等多方面的数据。这些数据不仅种类繁多，而且更新频率高，为农业生产提供了丰富的信息源。精准农业管理系统通过对这些数据的实时采集、传输和处理，构建了一个动态的农田环境信息库。

在数据收集的基础上，精准农业管理系统进一步引入作物生长模型。这些模型是基于生物学、生态学、气象学等多学科知识构建的，能够模拟作物在不同环境条件下的生长过程。通过与实时数据相结合，模型可以预测作物的生长趋势，判断当前环境是否适宜作物生长，以及预测可能遇到的问题，如病虫害、营养不足等。

有了这些数据和模型的支撑，精准农业管理系统便能够制订出针对性的农业生产计划和管理策略。这些计划和策略不再是传统的"一刀切"模式，而是根据每块农田，甚至每株作物的具体情况进行微调。例如，系统可以根据土壤湿度和作物需水情况，精确控制灌溉系统的开关时间和水量；根据作物的养分需求和土壤养分状况，制定出科学的施肥方案；根据病虫害的预测情况，提前采取防治措施等。

此外，精准农业管理系统还具备实时监控和预警功能。一旦农田环境出现异常，如土壤湿度过低、温度过高或病虫害发生等，系统能够立即发出预警，通知管理者及时采取措施。这种快速响应机制大大减少了因环境问题造成的作物损失，提高了农业生产的抗风险能力。

（四）农业专家系统与决策支持

在智慧农业的框架下，农业专家系统和决策支持构成了关键的智慧化决策支持体系，它们在提高农业生产效率、优化资源配置以及减少风险方面发挥着显著作用。

农业专家系统实质上是一个高度集成农业知识和经验的智能化工具。这一系统通过模拟农业专家的思维方式和决策流程，为农民在日常农业生产中提供技术指导和咨询服务。其核心在于积累了大量农业专家的知识和经验，并通过算法和模型将这些知识和经验转化为计算机可理解的格式。农民在面对复杂的农业生产问题时，可以通过与专家系统的交互，快速获取针对性的解决方案或建议。

专家系统的优势在于其能够提供全天候、即时性的服务。无论是病虫害的诊断与防治，还是作物种植的技术指导，农民都可以通过这一系统获得及时有效的帮助。这不仅提高了农业生产中问题解决的效率，也在一定程度上缓解了农业专家资源不足的问题。

与农业专家系统相辅相成的是决策支持系统。这一系统侧重于数据的收集与分析，旨在为农业生产提供科学的决策建议。通过整合来自智能化农业设备、传感器等的数据，决策支持系统能够对农田环境、作物生长状况等进行全面的评估和分析。基于这些数据，系统可以生成农业生产计划、资源配置方案以及风险评估报告等，从而帮助农民做出更为明智的决策。

决策支持系统的价值在于其能够提供数据驱动的决策建议。这些建议不仅基于当前的环境和作物状况，还考虑了历史数据和趋势预测，因此更具科学性和前瞻性。农民可以根据这些建议调整种植结构、优化灌溉和施肥计划，以及制定应对潜在风险的策略。

第二节　智慧农业的技术框架

智慧农业的技术框架是一个多层次、高度集成的系统，它涵盖了从数据采集到决策支持的整个流程。以下将详细阐述这个框架的各个组成部分，包括感知层技术、网络层技术和应用层技术。

一、感知层技术

感知层技术是智慧农业技术框架的感知器官，它负责直接与环境交互，收集农业生产过程中的各种数据。

（一）传感器技术与应用

传感器技术是智慧农业感知层不可或缺的一部分，它充当了农业环境的"感觉器官"，负责实时监测并准确捕捉农业生产环境中的多种关键参数。这些传感器通过其高精度的感应和转换功能，将环境中的物理量、化学量或生物量转化为可测量的电信号，从而为后续的数据分析和处理提供丰富的信息源。

传感器技术的应用广泛且多样，最具代表性的有以下几种。

1. 温度和湿度传感器

这类传感器被广泛应用于温室环境中，能够实时监控温室内的温度和湿度变化。通过连续的数据采集，农民可以准确了解温室内的气候条件，进而调整温室设施，如加热、通风和遮阳设备，以确保作物生长在最佳的环境中。这种精准的环境控制不仅能提高作物的产量和质量，还能有效预防病虫害的发生。

2. 光照传感器

光照是作物生长的重要因素之一。光照传感器能够精确测量农田或温室内的光照强度，帮助农民了解作物所接受的光照是否充足。根据光照数据，农民可以调整作物的种植布局、温室遮阳网的开合度等，以优化作物的光照条件，进而提高光合作用的效率。

3. 土壤传感器

土壤传感器在智慧农业中扮演着至关重要的角色。它们能够深入土壤，实时检测土壤中的养分含量、pH 和水分含量等关键指标。这些数据对于指导农民合理施肥、灌溉以及调整土壤酸碱度具有重要意义。通过土壤传感器的持续监测，农民可以实现精准农业管理，提高土壤资源的利用效率，同时减少化肥和农药的使用量，降低对环境的污染。

（二）物联网技术与设备接入

物联网技术是智慧农业中的关键技术之一，它通过无线网络连接各种农业设备，构建起一个高度互联互通的智能化网络系统。在这个系统中，不同种类的农业设备能够实现信息的共享与交互，从而大幅提升农业生产的效率和智能化水平。

物联网技术允许农民通过智能手机、平板电脑或其他智能终端设备远程控制农业设备。例如，农民可以在家中或办公室通过专用应用程序远程操控农田的灌溉系统。这种远程控制功能不仅方便了农民的管理操作，还能根据实时的环境数据和作物需求精准调整灌溉量和灌溉时间，实现水资源的合理利用。

物联网技术还使得温室遮阳网等设备的自动化控制成为可能。通过连接温度传感器和光照传感器，系统可以自动判断当前环境是否适宜作物生长，并据此自动调节遮阳网的开合程度，以保持温室内的温度和光照条件在最佳范围内。这种智能化的环境控制不仅提高了作物的生长速度和品质，还降低了因人为操作失误而导致的生产风险。

除远程控制功能外，物联网技术还支持设备的无缝接入和高度集成。这意味着新设备可以轻松地加入现有的物联网系统中，并与其他设备协同工作。这种高度的可扩展性和灵活性使得智慧农业系统能够随着农业生产需求的变化而不断升级和完善。

（三）数据采集与传输技术

在智慧农业的技术框架中，数据采集与传输技术发挥着至关重要的作用，它们共同确保从感知层收集到的原始数据能够准确、高效地传递到网络层进行进一步的处理和分析。

1. 数据采集技术

数据采集是智慧农业系统的信息输入环节，主要负责将传感器收集到的各种模拟信号转换成数字信号。传感器在农业环境中会不断监测和收集各种参数，如温度、湿度、光照强度等，这些数据最初都是以模拟信号的形式存在的。数据采集技术通过使用模数转换器（ADC）等硬件设备，将这些模拟信号精确地转换成计算机能够识别和处理的数字信号。

在转换过程中，数据采集技术需要考虑多种因素以确保数据的准确性，包括采样频率、分辨率、抗干扰能力等。高精度的数据采集技术能够捕捉到更细微的环境变化，为后续的数据分析提供更为丰富的信息。

2. 数据传输技术

一旦数据被采集并转换为数字信号，数据传输技术便负责将这些数据实时、准确地传输到网络层。这一过程中，数据的传输速度和稳定性至关重要。为了实现这一目标，智慧农业系统通常会采用多种无线通信技术，如 Zigbee、LoRa、NB-IoT 等，这些技术具有传输距离远、功耗低、抗干扰能力强等特点。

在数据传输过程中，还需要考虑到数据的安全性和完整性。因此，传输技术通常会采用加密和校验等方法来保护数据免受恶意攻击或篡改。

数据的准确性和实时性是数据采集与传输技术的核心要求。准确性保证了数据的可靠性，使得后续的数据分析和决策具有实际意义；而实时性则确保了数据能够及时反馈农业环境的最新状态，为农业生产提供即时的指导和调整依据。

二、网络层技术

网络层技术负责数据的传输、处理和安全防护，是智慧农业技术框架的信息高速公路。

（一）农业物联网通信协议

为了确保各种设备和系统之间的顺畅通信，农业物联网采用了一系列标准化的通信协议。这些协议规定了数据的格式、传输方式和接口标准，从而保证了数据的互操作性和一致性。例如，MQTT 等协议被广泛应用于物联网中，以实现低功耗、低带宽占用下的可靠数据传输。

（二）数据传输与网络安全技术

在智慧农业系统中，数据传输与网络安全技术是确保整个系统稳定、安全运行的关键环节。针对数据传输，系统不仅要求高效，还要保证数据的完整性和准确性。为此，智慧农业系统特别采用了先进的数据压缩和编码技术。

为了提高数据传输的效率并降低传输成本，智慧农业系统使用了高效的数据压缩技术。这种技术能够在数据发送前对其进行压缩，从而减少数据的大小，节省带宽资源。在接收端，数据再被解压缩以恢复其原始形态，供后续处理和分析使用。通过这样的方式，系统不仅提高了数据传输的速度，还降低了因网络拥堵或信号衰减而导致的数据损失。

此外，编码技术的运用也进一步增强了数据传输的稳健性。通过特定的编码方式，系统能够在一定程度上纠正数据传输过程中可能出现的错误，从而确保接收端能够准确无误地获取到完整的数据。

在网络安全方面，智慧农业系统采取了多重防护措施。首先是数据加密技术，所有在网络中传输的数据都会经过加密处理，即使数据在传输过程中被截获，也难以被未经授权的第三方解读。这种加密措施有效保护了数据的机密性。

其次是身份认证技术，它确保只有经过验证的设备和用户才能接入系统，大大降低了非法访问的风险。通过严格的身份认证流程，系统能够识别并拒绝任何未经授权的访问请求。

访问控制技术进一步细化了对系统资源的访问权限。不同的用户和设备根据其角色和职责被赋予不同的访问权限，从而确保了数据的完整性和系统的稳定运行。即使是合法的用户，也只能在其权限范围内进行操作，无法越权访问或修改数据。

三、应用层技术

应用层技术是智慧农业技术框架的大脑，它利用感知层和网络层提供的数据进行智能分析和决策。

（一）农业大数据分析与挖掘

农业大数据分析与挖掘是利用先进的大数据技术，对农业生产过程中产生的大量数据进行深度分析，以揭示数据背后的规律和趋势，为农业生产提供科学指导。主要包括以下几个方面。

1. 数据收集与整合

通过各种传感器、监测设备和信息化系统，收集土壤、气候、作物生长情况等多方面的数据。对这些数据进行清洗、整合，形成可用于分析和挖掘的标准数据集。

2. 病虫害预测

利用大数据分析技术，结合历史数据和实时数据，构建病虫害预测模型。通过模型分析，预测病虫害发生的可能性和趋势，帮助农民及时采取防治措施，减少损失。

3. 优化作物种植结构

根据不同地区的气候条件、土壤特性、市场需求等因素，利用大数据分析为农民推荐最适合种植的作物品种。通过分析不同作物的生长周期、产量和品质等数据，优化种植结构，提高土地利用效率和经济效益。

4. 提高产量和质量

利用数据挖掘技术，发现影响作物产量的关键因素，如土壤养分、灌溉水量、施肥量等。通过精准调控这些因素，为作物创造最佳的生长环境，从而提高产量和质量。

5．发现数据关联和模式

运用数据挖掘算法，发现农业生产数据之间的隐藏关联和模式。这些关联和模式可以为农民提供更加科学的种植建议，如合适的播种时间、施肥方案、灌溉策略等。

6．决策支持系统

将大数据分析与挖掘的结果整合到决策支持系统中。农民可以通过系统获取个性化的农业生产建议，提高决策的科学性和准确性。

（二）云计算与云服务在农业中的应用

云计算技术与云服务在农业中的应用日益广泛，为智慧农业的发展提供了强大的技术支撑。云计算与云服务在农业中的具体应用表现在一下几个方面。

1．提供强大的计算和存储能力

云计算通过集中式的计算和存储资源，为农业生产提供了高性能的计算环境和大容量的存储空间。农民可以利用这些资源对农业数据进行深入分析，从而做出更科学的决策。

2．实现数据的远程访问和管理

通过云服务，农民可以随时随地通过互联网访问和管理他们的农业数据，无需在本地安装和维护昂贵的硬件设备。这种便利的访问方式使得农民能够更及时地了解农田情况，做出响应。

3．降低 IT 成本

云计算的按需付费模式允许农民根据实际需求使用计算和存储资源，从而避免了不必要的硬件投资。这大大降低了农业生产的 IT 成本，使得更多农民能够享受到信息技术带来的便利。

4．支持弹性扩展和资源共享

云计算平台具有弹性扩展的能力，可以根据农业生产的需求动态调整资源分配。同时，云计算还支持资源共享，使得不同地区、不同规模的农业生产者都能获得所需的计算资源。

5．提升农业生产效率和灵活性

借助云计算和云服务，农业生产者可以更加高效地处理和分析数据，从而做出更准确的决策。此外，云计算的灵活性和可扩展性也使得农业生产能够更加灵活地应对市场变化和气候变化等挑战。

（三）人工智能与机器学习在农业中的应用

人工智能和机器学习技术在农业中的应用正推动着智慧农业的革命性发展。以下是这些技术在农业中的具体应用。

1．自动识别和预测

利用人工智能技术，可以自动识别病虫害，并根据环境数据预测其对农业生产的具体影响。通过机器学习模型，对历史数据和实时数据进行分析，以预测天气变化对农业生产的影响，从而帮助农民及时调整生产策略。

2．调整生产策略

基于人工智能和机器学习的预测结果，农民可以针对性地改变种植结构、调整施肥和灌溉计划，以应对潜在的病虫害和不利气候条件。这些技术还可以帮助农民制定更加合理的收获和储存策略，以最大化农产品的质量和产量。

3．优化作物种植和管理方案

机器学习算法能够根据历史数据自动分析并优化作物种植方案，包括播种时间、作物间距和品种选择等。通过分析土壤、气候和作物生长数据，机器学习可以生成个性化的管理建议，如施肥量、灌溉频率和病虫害防治策略。

4．智能化决策支持

结合大数据分析和机器学习，可以构建决策支持系统，为农民提供科学的种植建议和管理策略，从而提高农业生产的智能化水平。

人工智能和机器学习技术在农业中的应用正日益广泛，它们不仅能够提升农业生产的效率和产量，还能帮助农民做出更科学的决策，减少资源浪费，并应对各种环境变化。

（四）决策支持与智能控制系统

决策支持系统和智能控制系统在智慧农业中发挥着核心作用，具体功能和应用如下。

1. 决策支持系统

基于感知层和网络层收集的数据，以及应用层的技术分析，决策支持系统能够为农民提供全方位、科学化的种植建议。该系统可以分析土壤状况、气候条件、市场需求等多维度数据，为农民推荐最适合的种植品种、播种时间以及管理策略。

决策支持系统还能通过模拟不同决策方案的效果，帮助农民优化农业生产决策，从而提高产量和经济效益。

2. 智能控制系统

智能控制系统根据决策支持系统的建议，自动调整农业设备的运行状态，如灌溉系统、施肥设备、温室环境控制等。例如，智能灌溉系统可以根据土壤湿度、气象数据以及作物生长阶段，精准控制灌溉量和灌溉时间，实现节水灌溉和作物健康生长的双重目标。通过智能控制系统，农业生产过程中的各种参数如温度、湿度、光照等都可以得到精准控制，为作物创造最佳的生长环境。

第七章 数据收集与传感器技术在设施蔬菜中的应用

第一节 农业物联网概念与设施蔬菜

一、物联网技术在农业中的应用背景

随着信息技术的迅猛发展，物联网技术作为信息技术的重要组成部分，正逐渐渗透到社会经济的各个领域，农业也不例外。传统农业长期依赖人工经验和环境因素进行生产管理，这种方式存在诸多弊端，如效率低下、资源浪费、环境破坏等。在这种背景下，农业迫切需要引入新的技术手段，实现生产方式的转型升级。物联网技术的引入，为农业带来了智能化、精准化的新机遇。

物联网技术通过传感器、无线通信、云计算等先进技术，实现对农业生产环境的实时监测、数据的快速传输与处理，以及智能决策支持。这一技术的应用，使得农业生产者能够更加精准地掌握农田环境、作物生长状况等信息，从而做出更加科学的生产管理决策。同时，物联网技术还能够实现农业生产的远程监控和管理，降低人工成本，提高农业生产效率和管理水平。

在设施蔬菜生产中，物联网技术的应用尤为重要。设施蔬菜生产作为一种高度集约化的农业生产方式，对生产环境的要求极高。传统的设施蔬菜生产管理主要依赖人工经验和环境因素的调控，难以实现精准化的生产管理。而物联网技术的应用，可以实现对设施蔬菜生长环境的实时监测和精准调控，为设施蔬菜的高效栽培提供有力支持。

二、农业物联网的定义与特点

农业物联网是指运用物联网技术，将农田、作物、农机等农业生产要素与互联网相连接，实现农业生产过程的智能化、网络化和精细化管理的一种新型农业生产模式。它通过将先进的传感器技术、无线通信技术、云计算技术等应用于农业生产中，实现对农业生产环境的实时监测、数据的快速传输与处理以及智能决策支持，从而提高农业生产效率和管理水平。

农业物联网具有以下几个显著特点。

1. 实时监测

通过传感器等设备，实时采集农田环境（如土壤温湿度、光照强度等）、作物生长（如生长速度、病虫害情况等）等数据，为农业生产提供及时、准确的信息。这使得农业生产者能够更加精准地掌握农田环境和作物生长状况，为制定科学的生产管理决策提供依据。

2. 精准管理

根据采集的数据，进行精准施肥、灌溉等农事操作。通过数据分析，可以确定作物生长所需的最优养分和水分条件，从而实现精准施肥和灌溉，提高农业生产效率和质量。同时，精准管理还可以减少化肥和水的浪费，降低生产成本。

3. 智能化决策

通过数据分析与挖掘，为农业生产提供智能化决策支持。农业物联网平台可以对采集的数据进行深度分析和挖掘，发现数据背后的规律和趋势，为农业生产者提供科学的决策建议。这可以降低人为因素导致的误差，提高决策的准确性和科学性。

三、农业物联网在设施蔬菜中的体系结构

农业物联网在设施蔬菜中的体系结构是一个复杂的系统，主要包括感知层、网络层、平台层和应用层四个层次。这四个层次相互协作，共同实现对设施蔬菜生长环境的实时监测、数据的快速传输与处理以及智能决策支持。

1. 感知层

感知层是农业物联网体系结构的基础，主要负责采集设施蔬菜生长环境中的各种数据。通过各类传感器，如温湿度传感器、光照传感器、土壤养分传感器等，实时采集设施内的温湿度、光照强度、土壤养分含量等数据。这些数据是后续分析和决策的基础。

2. 网络层

网络层负责将感知层采集的数据传输到数据中心或云平台。这一层次主要利用无线网络、有线网络等通信方式，实现数据的快速、稳定传输。网络层的设计需要考虑数据的传输速度、稳定性以及安全性等因素，以确保数据的准确传输。

3. 平台层

平台层是农业物联网体系结构的核心，负责对传输来的数据进行存储、处理和分析。这一层次主要利用云计算、大数据等技术，对采集的数据进行深度分析和挖掘，提取有价值的信息。同时，平台层还可以提供数据可视化、远程监控等功能，为应用层提供支持。

4. 应用层

应用层是农业物联网体系结构的最终输出，根据平台层提供的信息，进行设施蔬菜的精准管理、智能化决策等。这一层次主要利用数据分析结果，制定科学的生产管理决策，如精准施肥、灌溉计划等。同时，应用层还可以提供预警提示、远程控制等功能，帮助农业生产者实现设施蔬菜的高效栽培。

第二节　传感器类型及其在设施蔬菜中的应用

一、传感器的分类及原理

传感器作为现代科技领域中的关键组件，是一种能够感受规定的被测量并按照一定规律转换成可用输出信号的器件或装置。它们如同自然界的"翻译者"，将各种非电学量（如温度、压力、光照等）转换为电学量，以便于信息的传输、处理、存储、显示和控制。在农业这一古老而又充满生机的领域中，传感器技术的应用为传统农业向现代农业的转型提供了强有力的技术支持。

在农业中，传感器主要分为环境传感器和生物传感器两大类。环境传感器，顾名思义，主要用于监测农田环境参数，这些参数包括但不限于温度、湿度、光照、土壤酸碱度等，它们对作物的生长发育有着至关重要的影响。通过环境传感器的精准监测，农民可以更加科学地管理农田，为作物提供一个更加适宜的生长环境。

而生物传感器则更加侧重于监测作物本身的生理参数，如叶绿素含量、水分状况、养分吸收情况等。这些生理参数直接反映了作物的生长状态和健康状况，是农民进行精准施肥、灌溉、病虫害防治等农事操作的重要依据。通过生物传感器的应用，农民可以更加准确地了解作物的需求，实现更加精细化的农业管理。

二、农业中常用的传感器类型

在设施蔬菜生产中，由于作物生长环境的特殊性和管理要求的精确性，传感器的应用显得尤为重要。以下是在设施蔬菜生产中常用的几种传感器类型。

1. 温湿度传感器

这是设施蔬菜生产中最为常见的传感器之一。通过实时监测设施内的温度和湿度，农民可以及时调整通风、加热、降温等设备，为蔬菜提供一个适宜的生长环境。特别是在极端天气条件下，温湿度传感器的应用可以有效防止蔬菜因温度过高或过低而受损。

2. 光照传感器

光照是蔬菜生长的重要因素之一。通过光照传感器，农民可以实时监测设施内的光照强度，并根据蔬菜的生长需求调整光照时间和强度。这不仅可以提高蔬菜的光合作用效率，还可以促进蔬菜的色泽和口感的提升。

3. 土壤水分传感器

土壤水分是蔬菜生长的基础。通过土壤水分传感器，农民可以实时监测土壤中的水分含量，并根据蔬菜的需水量进行精准灌溉。这不仅可以提高灌溉效率，还可以避免因水分过多或过少对蔬菜生长造成的不利影响。

4. CO_2 传感器

在设施蔬菜生产中，CO_2 的浓度对蔬菜的生长也有重要影响。通过 CO_2 传感器，农民可以实时监测设施内的 CO_2 浓度，并根据需要进行通风换气操作。这不仅可以为蔬菜提供一个更加适宜的生长环境，还可以提高蔬菜的产量和品质。

三、传感器在设施蔬菜环境监测中的应用

传感器在设施蔬菜环境监测中发挥着不可替代的作用。通过实时监测设施内的环境参数，传感器为农民提供了精准的环境管理依据，使得设施蔬菜生产更加科学化、精细化。

1. 温湿度监测

温湿度传感器能够实时监测设施内的温度和湿度变化。农民可以根据传感器的数据及时调整通风、加热、降温等设备，确保设施内的温湿度保持在适宜范围内。这对于防止蔬菜因温湿度不当而引发的病虫害具有重要意义。

2. 光照监测

光照传感器能够实时监测设施内的光照强度。农民可以根据传感器的数据调整光照时间和强度，为蔬菜提供充足的光照条件。这对于促进蔬菜的光合作用、提高产量和品质具有重要作用。

3. 土壤水分监测

土壤水分传感器能够实时监测土壤中的水分含量。农民可以根据传感器的数据进行精准灌溉，避免水分过多或过少对蔬菜生长造成的不利影响。这对于提高灌溉效率、节约水资源具有重要意义。

4. CO_2 浓度监测

CO_2 传感器能够实时监测设施内的 CO_2 浓度。农民可以根据传感器的数据进行通风换气操作，确保设施内的 CO_2 浓度保持在适宜范围内。这对于提高蔬菜的产量和品质、防止病虫害的发生具有重要意义。

四、传感器在设施蔬菜生长管理中的应用

除了环境监测，传感器还在设施蔬菜生长管理中发挥着重要作用。通过实时监测作物的生理参数和环境参数，传感器为农民提供了精准的生长管理依据，使得设施蔬菜生产更加高效、可持续。

1. 生理参数监测

通过叶绿素传感器等生物传感器，农民可以实时监测作物的生理参数，如叶绿素含量、水分状况等。这些数据直接反映了作物的生长状态和健康状况，是农民进行精准施肥、灌溉、病虫害防治等农事操作的重要依据。例如，当叶绿素传感器监测到作物叶绿素含量下降时，农民可以及时补充氮肥，促进作物的光合作用和生长。

2. 精准施肥与灌溉

传感器还可以与智能灌溉系统、自动施肥系统等相结合，实现设施蔬菜的自动化、智能化管理。通过实时监测土壤中的养分含量和水分状况，智能灌溉系统和自动施肥系统可以根据作物的需求进行精准施肥和灌溉操作。这不仅可以提高施肥和灌溉的效率，还可以避免养分和水分的浪费，降低生产成本。

3. 病虫害防治

传感器在设施蔬菜病虫害防治中也发挥着重要作用。通过实时监测设施内的环境参数和作物的生理参数，农民可以及时发现病虫害的发生迹象，并采取相应的防治措施。例如，当温湿度传感器监测到设施内湿度过高时，农民可以采取通风换气措施，降低湿度，防止病害的发生。

4. 产量与品质预测

传感器还可以用于设施蔬菜的产量与品质预测。通过实时监测作物的生长参数和环境参数，结合历史数据和气象信息，农民可以预测蔬菜的产量和品质趋势。这有助于农民合理安排销售计划和生产计划，提高市场竞争力。

5. 自动化与智能化管理

随着物联网技术的不断发展，传感器在设施蔬菜生产中的应用将更加广泛和深入。通过将传感器与计算机控制系统相结合，农民可以实现设施蔬菜生产的自

动化和智能化管理。这不仅可以提高生产效率和管理水平，还可以降低劳动强度和生产成本，推动设施蔬菜产业的可持续发展。

第三节　数据采集系统与传输技术在设施蔬菜中的应用

在设施蔬菜生产中，数据采集系统与传输技术发挥着至关重要的作用。它们如同农田中的"神经系统"，实时感知、传输并处理着各种关键信息，为农民提供精准决策的依据。以下是对数据采集系统与传输技术在设施蔬菜中应用的深入探讨。

一、数据采集系统的组成与工作原理

数据采集系统是设施蔬菜生产中的核心组成部分，它主要由传感器网络、数据采集器和数据处理软件三大部分构成，每一部分都扮演着不可或缺的角色。

1. 传感器网络

这是数据采集系统的前端，负责实时采集设施蔬菜生长环境中的各种数据，如温度、湿度、光照强度、土壤水分、CO_2 浓度以及作物的生理参数等。这些传感器如同农田中的"感受器"，能够敏锐地捕捉到环境中的每一个细微变化。

2. 数据采集器

这是数据采集系统的中枢，它将传感器网络采集到的数据进行初步处理，如滤波、放大、转换等，以提取出有用的信息。然后，它将处理后的数据通过有线或无线方式传输到数据中心或云平台，供进一步分析和处理。

3. 数据处理软件

这是数据采集系统的后端，它对传输来的数据进行进一步处理、分析和存储。通过复杂的算法和模型，数据处理软件能够挖掘出数据中的潜在价值，为农民提供精准的决策支持。例如，它可以根据历史数据和实时数据预测作物的生长趋势、病虫害发生概率等，帮助农民制订更加科学的农事操作计划。

二、数据传输技术及其选择

在设施蔬菜生产中，数据传输技术是实现数据实时、准确传输的关键。目前，主要的数据传输技术包括有线传输和无线传输两种方式，它们各有优缺点，适用于不同的场景和需求。

1．有线传输方式

这种方式通过物理线缆将数据采集器与数据中心或云平台连接起来，实现数据的稳定、可靠传输。有线传输方式的优点在于传输速度快、稳定性高、受环境干扰小；但缺点也很明显，即布线复杂、成本较高、灵活性差。因此，在设施蔬菜生产中，有线传输方式通常用于固定位置的传感器和数据采集器之间的连接。

2．无线传输方式

这种方式通过无线网络（如 Wi-Fi、Zigbee、LoRa 等）将数据采集器与数据中心或云平台连接起来，实现数据的无线传输。无线传输方式的优点在于布线简单、成本低廉、灵活性高；但缺点也显而易见，即易受环境干扰（如电磁干扰、信号衰减等）、传输距离有限、稳定性相对较差。因此，在设施蔬菜生产中，无线传输方式通常用于移动位置的传感器和数据采集器之间的连接，或者用于有线传输方式难以覆盖的区域。

在选择数据传输技术时，需要根据设施蔬菜生产的实际需求和条件进行综合考虑。例如，对于需要实时监测作物生长环境的场景，可以选择无线传输方式，以便随时获取作物的生长数据；而对于需要长期稳定监测环境参数的场景，则可以选择有线传输方式，以确保数据的稳定性和可靠性。

三、数据采集与传输中的误差控制

在数据采集与传输过程中，由于传感器精度、环境干扰、设备故障等多种因素的影响，难免会产生一定的误差。这些误差如果得不到有效控制，将会对设施蔬菜生产造成不良影响。因此，需要采取一系列措施进行误差控制。

1．定期对传感器进行校准和维护

传感器是数据采集系统的前端，其精度和稳定性直接影响到数据的准确性。

因此，需要定期对传感器进行校准和维护，以确保其精度和稳定性符合要求。例如，可以定期对温湿度传感器进行校准，以确保其测量的温湿度值与实际值相符。

2. 采用冗余传感器和数据融合技术提高数据采集的准确性

为了降低单个传感器故障或误差对数据采集准确性的影响，可以采用冗余传感器和数据融合技术。即在同一位置或不同位置布置多个传感器，对同一参数进行同时测量，然后通过数据融合算法将多个传感器的数据进行融合处理，以提高数据采集的准确性。

3. 优化数据传输协议和算法降低传输误差

在数据传输过程中，由于环境干扰、设备故障等因素，可能会产生传输误差。为了降低传输误差对数据采集准确性的影响，需要优化数据传输协议和算法。例如，可以采用更加稳定可靠的数据传输协议，或者采用数据压缩、加密等技术提高数据传输的稳定性和安全性。

四、数据采集与传输系统在设施蔬菜中的实际应用案例

为了更加直观地展示数据采集与传输系统在设施蔬菜中的应用效果，以下是一个实际应用案例。

某设施蔬菜生产基地采用了一套基于物联网技术的数据采集与传输系统。该系统通过各类传感器实时采集设施内的温湿度、光照、土壤水分等环境参数以及作物的生理参数，如叶绿素含量、水分状况等。然后，系统将采集到的数据通过无线网络传输到数据中心进行处理和分析。在数据中心，数据处理软件对传输来的数据进行进一步处理、分析和存储，并生成各种报表和图表供农民参考。

根据数据分析结果，农民可以进行精准灌溉、施肥等农事操作。例如，当系统监测到土壤水分过低时，会自动触发灌溉设备进行补水；当系统监测到作物叶绿素含量下降时，会提醒农民及时补充氮肥。通过这套系统的应用，该设施蔬菜生产基地实现了对作物生长环境的实时监测和精准管理，显著提高了生产效率和管理水平。

　　同时，该系统还具有远程控制和故障诊断功能。农民可以通过手机或电脑远程访问数据中心，实时查看设施内的环境参数和作物生长状况，并进行远程控制。当系统出现故障时，会自动进行故障诊断并发送报警信息给农民，以便及时进行处理。

　　实际应用表明，该数据采集与传输系统能够显著提高设施蔬菜的生产效率和管理水平，降低生产成本和资源浪费。通过精准灌溉、施肥等农事操作，可以减少水肥浪费和环境污染；通过实时监测和预警功能，可以及时发现并处理病虫害等问题；通过远程控制和故障诊断功能，可以提高生产效率和降低劳动强度。

第八章 智能决策支持系统在设施蔬菜中的应用

第一节 大数据与云计算在设施蔬菜中的应用

一、大数据与云计算的基本概念及其重要性

大数据与云计算，作为21世纪信息技术的两大核心，正逐渐渗透到各行各业，为传统产业的转型升级注入新的活力。大数据，简言之，是指那些规模庞大、增长迅速且类型多样的数据集合，这些数据超出了传统数据库软件的捕获、存储、管理和分析能力。其核心价值在于通过高级分析揭示数据中的隐藏模式、未知关系和复杂趋势，从而为决策提供科学依据。

云计算，则是一种基于互联网的计算模式，它通过网络提供动态、可扩展、虚拟化的计算资源和服务。用户无须了解底层基础设施的复杂细节，即可按需获取计算能力、存储空间、软件开发平台等资源。云计算的出现极大地降低了信息技术的门槛，使得中小企业和个人也能以较低的成本享受到强大的计算能力和便捷的数据服务。

二、大数据与云计算在设施蔬菜中的结合应用：创新生产模式

设施蔬菜生产作为现代农业的重要组成部分，正面临着前所未有的发展机遇和挑战。传统的生产方式依赖于人工经验和简单环境监测，难以满足日益增长的产量和品质需求。而大数据与云计算的结合应用，为设施蔬菜生产带来了革命性

的变革。

通过传感器网络、物联网技术等先进手段，设施蔬菜生产中的各类数据，如温湿度、光照强度、土壤养分、作物生理状态等，可以被实时、准确地收集起来。这些数据构成了设施蔬菜生产的"大数据"基础。然而，单纯的数据收集只是第一步，如何有效地存储、处理和分析这些数据，才是关键所在。

云计算在这方面发挥了至关重要的作用。它将收集到的大量数据传输到云端进行集中存储和处理。利用云计算的强大计算能力和高效的数据处理算法，可以对这些数据进行深度挖掘和分析，揭示出设施蔬菜生长过程中的各种规律和趋势。例如，通过分析历史数据和实时数据，可以预测作物的生长周期、产量潜力、病虫害发生概率等关键信息。

三、大数据与云计算推动设施蔬菜智能化发展：精准管理与科学决策

大数据与云计算的结合应用，不仅为设施蔬菜生产提供了强大的技术支持，更推动了其向智能化、精准化方向发展。

1. 精准管理

通过实时数据收集和分析，设施蔬菜生产可以实现精准灌溉、施肥等农事操作。例如，当系统监测到土壤水分过低时，会自动触发灌溉设备进行补水；当监测到作物养分不足时，会提醒农民及时施肥。这种精准管理方式不仅提高了水肥利用率，还减少了资源浪费和环境污染。

2. 病虫害防治

大数据和云计算还可以为设施蔬菜的病虫害防治提供科学依据。通过分析历史病虫害数据和实时环境数据，系统可以预测病虫害的发生概率和趋势，并提前采取预防措施。当系统监测到病虫害迹象时，会立即发出警报并提供相应的处理建议。

3. 产量预测

基于大数据和云计算的智能决策支持系统还可以对设施蔬菜的产量进行预测。通过分析作物的生长数据和环境数据，系统可以估计出作物的产量潜力，并

帮助农民制订合理的生产计划和市场策略。

4. 资源优化配置

除了上述应用，大数据和云计算还可以帮助农民优化设施蔬菜生产中的资源配置。通过分析不同生产环节的数据，系统可以找出资源利用的低效环节，并提出改进建议。例如，系统可以根据作物的实际需求和光照条件，优化温室内的光照布局和能源利用。

5. 决策支持与发展规划

对于设施蔬菜生产企业或合作社来说，大数据和云计算还可以提供宏观层面的决策支持和发展规划。通过分析市场数据、生产数据和政策数据，系统可以帮助企业制定长期的发展战略和市场布局。同时，系统还可以对企业的财务状况进行监控和预警，确保企业的稳健发展。

6. 知识共享与技术创新

大数据和云计算的应用还促进了设施蔬菜生产领域的知识共享和技术创新。通过云端平台，农民、研究人员和企业可以共享生产数据、研究成果和经验教训。这种知识共享不仅提高了整个行业的生产水平和管理能力，还促进了新技术的研发和推广。

第二节　智能决策算法与模型在设施蔬菜中的应用

一、智能决策算法的分类与原理：模拟人类智慧，助力设施蔬菜生产

智能决策算法作为人工智能领域的重要组成部分，正逐渐渗透到各个行业，为传统产业的转型升级提供了有力支撑。这类算法能够模拟人类的决策过程，根据输入的数据和信息，按照一定的规则和逻辑进行推理和判断，最终给出决策建议。在设施蔬菜生产中，智能决策算法的应用尤为广泛，为精准管理、科学决策提供了有力工具。

在设施蔬菜生产中，常用的智能决策算法主要包括基于规则的决策算法、机器学习算法和深度学习算法。这些算法各具特色，适用于不同的场景和需求。

1. 基于规则的决策算法

这类算法主要依赖于预设的规则和逻辑进行决策。在设施蔬菜生产中，可以根据作物的生长规律、环境因素等制定一系列规则，然后利用算法进行推理和判断。例如，当土壤湿度低于某个阈值时，算法会建议进行灌溉。

2. 机器学习算法

机器学习算法能够通过学习和训练数据来改进其决策能力。在设施蔬菜生产中，可以利用历史数据和实时数据训练机器学习模型，使其能够预测作物的生长状况、产量等。这类算法具有较强的自适应性和泛化能力。

3. 深度学习算法

深度学习是机器学习的一个分支，它利用深层神经网络来模拟人脑的决策过程。在设施蔬菜生产中，深度学习算法可以用于图像识别、语音识别等任务，从而实现更加精准的决策和管理。

这些智能决策算法在设施蔬菜生产中发挥着重要作用，它们能够根据实时数据和环境因素进行动态调整和优化，为农民提供更加科学、精准的决策支持。

二、设施蔬菜智能决策模型的构建方法：从数据到决策的桥梁

构建设施蔬菜智能决策模型是一个复杂而系统的过程，它涉及多个环节和步骤。下面我们将详细介绍这一过程的关键步骤和方法。

1. 明确决策目标和影响因素

在构建智能决策模型之前，首先需要明确决策的目标和影响因素。例如，如果我们的目标是预测作物的产量，那么影响因素可能包括土壤湿度、光照强度、温度等。

2. 选择合适的算法和数据集

根据决策目标和影响因素，选择合适的智能决策算法和数据集进行模型训练和优化。例如，对于预测作物产量的任务，我们可以选择机器学习算法中的回归模型，并使用历史产量数据和相应的环境因素数据作为训练集。

3．数据预处理和特征选择

在模型训练之前，需要对数据进行预处理和特征选择。数据预处理包括数据清洗、缺失值处理、异常值检测等步骤，以确保数据的准确性和一致性。特征选择则是从原始数据中提取出对决策目标有影响的特征，以提高模型的性能和效率。

4．模型训练和优化

使用预处理后的数据和选择的算法进行模型训练。在训练过程中，需要不断调整模型的参数和结构，以提高模型的准确性和泛化能力。同时，还需要使用验证集对模型进行验证和评估，以确保模型的性能达到预期要求。

5．模型评估和迭代优化

在模型训练完成后，需要对模型进行评估和迭代优化。评估指标可以包括准确率、召回率、F1 分数等，用于衡量模型的性能和效果。如果模型的性能未达到预期要求，需要进行迭代优化，包括调整模型参数、增加训练数据、改进特征选择等方法。

6．模型部署和应用

经过训练和优化后的智能决策模型可以部署到实际的生产环境中进行应用。在实际应用中，需要不断收集新的数据和信息，对模型进行更新和优化，以适应设施蔬菜生产环境的变化和需求。

通过以上步骤和方法，可以构建出一个适用于设施蔬菜生产的智能决策模型，为农民提供更加科学、精准的决策支持。

三、智能决策算法与模型在设施蔬菜中的应用案例：精准预测，助力生产

某设施蔬菜生产基地采用了一种基于机器学习的智能决策模型，用于预测作物的生长周期和产量。该模型通过收集历史数据和实时数据，利用机器学习算法进行训练和优化，最终得到了一个准确的预测模型。以下是对该应用案例的详细介绍。

1. **数据收集与处理**

该生产基地首先收集了多年的历史数据和实时数据，包括作物的生长周期、产量、土壤湿度、光照强度、温度等。然后对数据进行了预处理和特征选择，以确保数据的准确性和一致性。

2. **模型选择与训练**

在数据预处理完成后，该生产基地选择了一种基于机器学习的回归模型进行训练。他们使用了历史产量数据和相应的环境因素数据作为训练集，并对模型进行了参数调整和结构优化。

3. **模型验证与评估**

在模型训练完成后，该生产基地使用验证集对模型进行了验证和评估。他们发现模型的准确率和召回率均达到了较高水平，能够满足实际生产的需求。

4. **模型应用与效果**

该生产基地将训练好的智能决策模型部署到了实际的生产环境中进行应用。通过实时收集作物的生长数据和环境因素数据，模型能够准确地预测作物的生长周期和产量。实际应用表明，该模型能够提前预测作物的生长周期和产量，为生产计划的制订和调整提供了科学依据。同时，该模型还能够根据实时数据和环境因素进行动态调整和优化，为农民提供更加科学、精准的决策支持。

5. **效益分析**

通过应用该智能决策模型，该生产基地取得了显著的效益。首先，模型的准确预测为生产计划的制订和调整提供了科学依据，有效避免了因计划不当而造成的资源浪费和损失。其次，模型的实时监测和动态调整功能为农民提供了更加科学、精准的决策支持，提高了生产效率和管理水平。最后，该模型的应用还促进了设施蔬菜生产的可持续发展，为农民带来了更加稳定、可观的收益。

智能决策算法与模型在设施蔬菜生产中的应用具有显著的优势和潜力。通过精准预测、科学决策等手段，我们可以为农民提供更加科学、精准的决策支持，推动设施蔬菜生产的智能化、精准化发展。同时，我们也需要不断关注新技术的发展和应用场景的变化，不断优化和改进智能决策算法与模型，以适应设施蔬菜生产的需求和挑战。

第三节　专家系统与知识库在设施蔬菜中的应用

在设施蔬菜生产中，如何充分利用专家的知识和经验，提高生产效率和管理水平，一直是行业关注的重点。专家系统与知识库的应用，为这一问题提供了有效的解决方案。

一、专家系统的定义与特点：模拟专家智慧，助力农业生产

专家系统，顾名思义，是一种模拟人类专家决策过程的计算机系统。它集成了大量的专业知识、经验和规则，能够根据输入的问题或情境，进行逻辑推理和判断，最终给出专业的建议和解决方案。这一系统的核心在于其内置的专业知识和经验，这使得它能够在处理特定领域的问题时，表现出与专家相当的水平和准确性。

在设施蔬菜生产中，专家系统的应用尤为广泛。它能够模拟农业专家的决策过程，为农事操作提供智能化的指导和支持。与传统的农业生产方式相比，专家系统具有以下几个显著的特点。

（1）专业性：专家系统集成了大量的农业专业知识和经验，能够提供专业的建议和解决方案。

（2）智能化：专家系统能够根据输入的问题或情境，进行自动推理和判断，给出智能化的建议。

（3）高效性：专家系统能够在短时间内处理大量的信息，提供快速的决策支持。

（4）易用性：专家系统通常具有友好的用户界面，使得农民能够轻松上手并使用。

二、设施蔬菜专家系统的构建方法与技术：融合知识与技术，打造智能系统

构建设施蔬菜专家系统是一个复杂而系统的过程，它涉及多个环节和步骤。

下面我们将详细介绍这一过程的关键步骤和技术。

1. 知识与经验的收集与整理

构建设施蔬菜专家系统的第一步是收集和整理农业专家的知识和经验。这包括作物的生长规律、病虫害防治策略、施肥灌溉方案等。这一步骤的关键在于确保收集到的知识和经验的准确性和完整性。

2. 知识的表示与建模

收集到的知识和经验需要以计算机可读的形式进行表示和建模。这通常涉及知识的结构化表示，如规则、框架、语义网络等。在设施蔬菜专家系统中，常用的知识表示方法包括产生式规则、决策树、神经网络等。

3. 推理机制的设计

专家系统的核心是其推理机制。这一机制需要根据输入的问题或情境，利用内置的知识和规则进行推理和判断。在设施蔬菜专家系统中，推理机制的设计需要考虑到作物的生长环境、生长阶段、病虫害状况等多种因素。

4. 用户界面的开发

专家系统的易用性对于其在实际生产中的应用至关重要。因此，开发一个友好的用户界面是构建设施蔬菜专家系统的重要步骤。这一界面需要能够直观地展示系统的功能和建议，同时方便农民进行操作和交互。

5. 系统的优化与更新

构建设施蔬菜专家系统并不是一个一次性的过程。随着农业生产环境的变化和新的知识和技术的出现，系统需要不断地进行优化和更新。这包括知识的更新、推理机制的改进、用户界面的升级等。

在构建设施蔬菜专家系统的过程中，还可以利用一些先进的技术来提高系统的性能和准确性。例如，机器学习技术可以用于从大量的农业生产数据中提取有用的信息和模式，以丰富和完善系统的知识库。自然语言处理技术可以用于处理和分析农民的问题和反馈，以提高系统的交互性和易用性。

三、知识库在设施蔬菜智能决策中的作用：存储智慧，支持决策

知识库是专家系统的重要组成部分，它存储了大量的专业知识和经验，为智

能决策提供支持。在设施蔬菜生产中，知识库的作用尤为突出。

1. 提供科学依据

知识库中包含的作物生长模型、病虫害防治策略等专业知识，为农事操作提供了科学依据。农民可以根据这些知识制订合理的种植计划和管理方案，提高作物的产量和品质。

2. 指导农事操作

知识库中的施肥灌溉方案、病虫害防治策略等可以为农民提供具体的操作指导。农民可以根据这些知识进行精准的施肥、灌溉和病虫害防治，提高农事操作的效率和准确性。

3. 适应不同环境

知识库还可以根据实时数据进行更新和优化，以适应不同的生产环境和条件。例如，当生产环境发生变化时，知识库中的作物生长模型可以相应地进行调整，以确保其准确性和适用性。

4. 支持智能决策

在设施蔬菜生产中，农民经常需要面对各种复杂的问题和情境。知识库可以为这些问题和情境提供全面的信息和解决方案，支持农民进行智能决策。例如，当农民遇到作物病虫害问题时，知识库可以提供相应的防治策略和方案，帮助农民快速解决问题。

四、设施蔬菜专家系统与知识库的实际应用案例：智能决策，助力生产

为了更具体地说明专家系统与知识库在设施蔬菜生产中的应用效果，我们以下面这个实际应用案例进行阐述。

某设施蔬菜生产基地采用了一套基于专家系统和知识库的智能决策支持系统。该系统通过收集和整理农业专家的知识和经验，构建了一个包含作物生长模型、病虫害防治策略、施肥灌溉方案等知识的知识库。然后，根据实时数据和用户输入的问题或情境，利用专家系统进行推理和判断，给出专业的建议和解决方案。

在实际应用中，该系统取得了显著的效果。首先，通过提供科学的依据和指导，农民能够制订合理的种植计划和管理方案，提高作物的产量和品质。其次，通过提供具体的操作指导，农民能够进行精准的施肥、灌溉和病虫害防治，提高农事操作的效率和准确性。最后，该系统还能够根据实时数据进行更新和优化，以适应不同的生产环境和条件，确保决策的准确性和适用性。

具体来说，在该生产基地中，农民利用该系统进行了以下几方面的智能决策。

1．种植计划制订

农民可以根据知识库中的作物生长模型和种植建议，结合实时的气候、土壤等数据，制订合理的种植计划。这包括选择适合的作物品种、确定播种时间、预计收获时间等。通过科学的种植计划，农民能够更好地管理作物生长周期，提高产量和品质。

2．病虫害防治

当农民发现作物出现病虫害问题时，可以利用系统中的知识库进行查询和诊断。知识库会提供相应的病虫害防治策略和方案，包括使用何种农药、如何施药、施药时间等。农民可以根据这些知识进行精准的病虫害防治操作，减少病虫害对作物的影响。

3．施肥灌溉管理

知识库中还包含了作物的施肥灌溉方案和建议。农民可以根据作物的生长阶段和需求，结合实时的土壤湿度、养分含量等数据，制订合理的施肥灌溉计划。通过精准的施肥灌溉管理，农民能够提供作物所需的养分和水分，促进作物的健康生长。

4．生产环境监测与管理

该系统还可以与生产环境监测设备相连，实时收集生产环境的数据，如温度、湿度、光照强度等。农民可以通过系统界面查看实时数据，并根据数据进行相应的调整和管理。例如，当温度过高时，农民可以采取降温措施；当光照不足时，农民可以增加光照设备。通过实时的环境监测与管理，农民能够为作物提供一个适宜的生长环境。

通过应用该智能决策支持系统，该生产基地取得了显著的效益。首先，系统的科学决策支持提高了作物的产量和品质，增加了农民的收入。其次，系统的精准操作指导提高了农事操作的效率和准确性，减少了资源浪费和环境污染。最后，系统的实时更新和优化功能确保了决策的准确性和适用性，帮助农民更好地适应不同的生产环境和条件。

专家系统与知识库在设施蔬菜生产中的应用具有显著的优势和潜力。通过模拟农业专家的决策过程、提供科学的依据和指导、支持智能决策等手段，我们可以为农民提供更加智能化、精准化的生产管理方式，推动设施蔬菜生产的可持续发展。

第九章　自动化与机器人技术

在现代农业领域，自动化与机器人技术的应用日益广泛，它们不仅提高了农业生产的效率，还极大地减轻了农民的劳动强度。其中，自动灌溉与施肥系统是这一领域的重要代表。本章将深入探讨自动灌溉与施肥系统的组成、工作原理、分类、特点以及其在农业生产中的集成与应用。

第一节　自动灌溉与施肥系统

一、自动灌溉系统的组成与工作原理

自动灌溉系统是现代农业技术的重要组成部分，它的出现彻底改变了传统农业灌溉方式，实现了灌溉的精准化和智能化。其核心在于根据土壤湿度、作物需水量等实时数据，自动调节灌溉水量和灌溉时间，以达到节水、增产、提质的目的。

自动灌溉系统主要由以下几个部分组成。

（1）水源：提供灌溉所需的水，可以是地下水、河水、湖水或经过处理的废水等。

（2）输水管道：将水源中的水输送到灌溉区域，管道的设计和布局需要考虑到水流的速度、压力损失以及灌溉的均匀性。

（3）灌溉控制器：这是系统的核心部分，负责接收传感器传来的数据，并根据预设的灌溉策略或智能算法计算出灌溉需求，然后发出指令控制执行机构进行灌溉。

（4）传感器网络：包括土壤湿度传感器、作物生长状况传感器等，用于实

时监测土壤湿度、作物生长状况以及环境参数，如温度、湿度、光照等。

（5）执行机构：如电磁阀、水泵等，负责根据灌溉控制器的指令进行开关操作，以控制灌溉水量和灌溉时间。

自动灌溉系统的工作原理是：首先，传感器网络实时监测土壤湿度和作物生长状况，并将数据传输至灌溉控制器；其次，灌溉控制器根据预设的灌溉策略或智能算法计算出灌溉需求；最后，灌溉控制器发出指令控制执行机构进行精准灌溉。这一过程实现了灌溉的自动化和智能化，大大提高了灌溉的准确性和效率。

二、自动施肥系统的分类与特点

自动施肥系统是现代农业技术的另一重要组成部分，它根据作物生长需求和土壤养分状况进行精准施肥，以减少肥料浪费和环境污染。自动施肥系统根据施肥方式的不同，可分为以下几类。

1. 水肥一体化系统

这种系统通过灌溉系统将肥料和水分一起输送到作物根部，实现了水肥的同步供应。这种方式提高了肥料利用率和灌溉效率，减少了水肥的浪费，同时也降低了劳动强度。

2. 气肥一体化系统

这种系统通过特殊设备将肥料转化为气态，随空气流动进入作物叶片，实现叶面施肥。这种方式可以直接为作物提供所需的养分，促进作物的生长和发育。

除了上述两种主要的自动施肥系统，还有一些其他类型的施肥系统，如根据作物生长阶段和需求进行定时定量施肥的系统、根据土壤养分状况进行变量施肥的系统等。这些系统都具有以下主要特点。

（1）精准施肥：能够根据作物生长需求和土壤养分状况进行精准施肥，避免了过量施肥或施肥不足的问题。

（2）提高肥料利用率：通过精准施肥，减少了肥料的浪费，提高了肥料的利用率。

（3）降低环境污染：减少了肥料的流失和挥发，降低了对环境的污染。

（4）节省劳动力：自动化施肥减少了人工操作的环节，节省了劳动力成本。

三、自动灌溉与施肥系统的集成与应用

将自动灌溉系统与自动施肥系统集成，可以实现水肥一体化管理，进一步提高农业生产效率。这种集成系统不仅具有自动灌溉和自动施肥的功能，还能够根据作物生长周期、土壤条件、气候条件等多种因素，制订个性化的灌溉和施肥计划，并通过智能控制实现精准执行。

在实际应用中，这种集成系统能够显著提高作物产量和品质。通过精准灌溉和施肥，作物能够得到适量的水分和养分，生长更加健壮，产量和品质自然得到提升。同时，这种集成系统还能够降低生产成本。由于实现了水肥的精准管理，减少了水肥的浪费，因此可以降低生产成本。此外，这种集成系统还能够减少对环境的影响。通过减少水肥的流失和挥发，降低了对环境的污染，保护了生态环境。

具体来说，自动灌溉与施肥系统的集成与应用主要体现在以下几个方面。

1．智能决策支持

集成系统通过收集和分析大量数据，如土壤湿度、作物生长状况、气候条件等，为农民提供智能决策支持。系统可以根据实时数据调整灌溉和施肥计划，确保作物得到适量的水分和养分。

2．提高水资源利用效率

通过精准灌溉，集成系统可以显著减少水资源的浪费。系统根据土壤湿度和作物需水量进行灌溉，避免了过量灌溉或灌溉不足的问题，从而提高了水资源的利用效率。

3．优化肥料使用

集成系统可以实现肥料的精准施用，根据作物生长需求和土壤养分状况进行施肥。这不仅可以提高肥料的利用率，还可以减少肥料的流失和挥发，降低对环境的污染。

4．降低劳动强度

自动化灌溉和施肥系统减少了人工操作的环节，降低了农民的劳动强度。农民可以通过系统界面轻松监控和管理灌溉和施肥过程，无须亲自进行烦琐的操作。

5. 提高农业生产效益

通过精准管理水肥，集成系统可以提高作物的产量和品质，从而增加农民的收益。同时，由于减少了水肥的浪费和降低了劳动强度，农业生产成本也得到了有效控制。

6. 促进可持续发展

集成系统的应用有助于实现农业生产的可持续发展。通过减少水肥的流失和挥发，降低了对环境的污染，保护了生态环境。同时，精准管理水肥还可以提高土地资源的利用效率，为未来的农业生产留下更多的资源。

第二节　植物生长监测与管理机器人

随着科技的飞速发展，农业领域也迎来了前所未有的变革。其中，植物生长监测与管理机器人的研发与应用，无疑为现代农业注入了新的活力。本节将深入探讨植物生长监测机器人的研发背景与意义、功能与技术特点，以及其在实际应用中的案例与效果。

一、植物生长监测机器人的研发背景与意义

随着农业现代化的不断推进，农业生产效率的提升成为亟待解决的问题。而要实现这一目标，对植物生长状态的实时监测和精准管理显得尤为重要。然而，传统的农业监测方式往往依赖于人工，不仅效率低下，而且数据准确性也难以保证。正是在这样的背景下，植物生长监测机器人应运而生。

这种植物生长检测机器人的研发，旨在解决传统农业监测方式存在的种种问题。通过高度自动化、智能化的技术手段，实现对植物生长环境的全面、实时、精准监测。这不仅为农业生产提供了科学依据，还有助于提高农业生产效率，推动农业现代化的进程。

植物生长监测机器人的应用意义深远。首先，它能够实现对植物生长环境的全面监测，包括土壤湿度、光照强度、温度等多个方面，为农业生产提供详尽的

数据支持。其次，通过实时监测和数据分析，机器人能够及时发现植物生长过程中的问题，如病虫害、营养不足等，为农民提供及时的预警和处理建议。最后，植物生长监测机器人的应用还有助于推动农业生产的精准化管理，提高农业生产效率和质量。

二、植物生长监测机器人的功能与技术特点

植物生长监测机器人作为一种先进的农业技术装备，具备多种强大的功能。首先，它能够通过高清摄像头和传感器实时采集植物图像和环境参数。这些参数包括温度、湿度、光照强度等，对于了解植物生长环境至关重要。其次，机器人还具备病虫害识别功能。利用先进的图像处理技术和机器学习算法，它能够自动识别植物叶片上的病虫害迹象，为农民提供及时的防治建议。

除了强大的功能，植物生长监测机器人还具备一系列独特的技术特点。首先，它实现了高度自动化和智能化。机器人能够自主在农田中移动，按照预设的路线和时间进行监测工作，无须人工干预。其次，机器人采用了先进的传感器和数据处理技术，能够实现对植物生长状态的全面、实时、精准监测。无论是土壤湿度的微小变化还是光照强度的细微波动，都能被机器人准确捕捉并记录下来。最后，植物生长监测机器人还具备强大的数据处理和分析能力。它能够将采集到的数据进行实时处理和分析，生成详尽的监测报告和建议方案，为农民提供科学的决策依据。

在具体的技术实现上，植物生长监测机器人采用了多种先进的技术手段。例如，它利用高清摄像头和图像处理技术实现对植物图像的采集和分析；通过传感器网络实时监测环境参数的变化；运用机器学习算法对病虫害进行自动识别和分类等。这些技术的综合运用，使得植物生长监测机器人能够实现对植物生长状态的全面、实时、精准监测和管理。

三、植物生长管理机器人的应用案例与效果分析

植物生长管理机器人在实际应用中已经取得了显著的效果。以下是一个具体的应用案例：

在某大型农场中，由于传统的人工监测方式效率低下且数据不准确，作物产量一直难以提升。为了解决这个问题，农场引入了植物生长监测与管理机器人。机器人被部署在农田中，按照预设的路线和时间进行监测工作。通过高清摄像头和传感器，机器人实时采集植物图像和环境参数，并将数据传输到云端进行处理和分析。

经过一段时间的运行，农场主发现作物的生长状况得到了显著改善。首先，通过机器人的实时监测和数据分析，农场主能够及时发现并解决作物生长过程中的问题。例如，当机器人检测到土壤湿度过低时，农场主会立即进行灌溉；当机器人发现病虫害迹象时，农场主会及时采取防治措施。其次，由于机器人提供了详尽的监测报告和建议方案，农场主能够更加科学地进行决策和管理。例如，根据机器人的建议，农场主调整了作物的施肥量和施肥时间，使得作物能够更好地吸收营养并茁壮成长。

最后，在引入了植物生长监测与管理机器人后，该农场的作物产量提高了约15%。同时，由于机器人的实时监测和精准管理，病虫害发生率也显著降低。这不仅提高了农场的经济效益，还为农民带来了更加轻松和高效的农业生产体验。

这一应用案例充分展示了植物生长管理机器人在提高农业生产效率、降低生产成本方面的巨大潜力。通过实现对植物生长状态的全面、实时、精准监测和管理，机器人能够帮助农民更加科学地进行决策和管理，从而提高作物的产量和品质。同时，由于机器人的自动化和智能化特性，它还能够大幅降低农民的劳动强度和时间成本，使得农业生产更加轻松和高效。

展望未来，随着技术的不断发展和创新，植物生长监测与管理机器人将在农业领域发挥更加重要的作用。它将不仅是一个监测工具，更将成为农业生产中的智能助手和决策支持者。通过不断优化和完善机器人的功能和性能，我们有望在未来的农业生产中实现更高的效率、更低的成本和更可持续的发展目标。

第三节　收获与包装自动化技术

在设施蔬菜生产的广阔天地里，收获与包装是连接精心培育与市场流通的关键环节。传统的收获与包装方式，往往依赖于大量的人力，不仅效率低下，而且劳动强度极大。然而，随着科技的飞速进步，收获与包装自动化技术正逐步改变这一现状，为设施蔬菜生产注入了新的活力。本节将深入探讨收获自动化技术的现状与发展趋势，包装自动化技术在设施蔬菜中的应用，以及收获与包装自动化技术的集成与优化。

一、收获自动化技术的现状与发展趋势

收获作为设施蔬菜生产链上的重要一环，其效率与质量直接影响着蔬菜的产量与市场价值。传统的人工收获方式，虽然在一定程度上能够保证收获的精细度，但面对大规模的设施蔬菜生产，其效率低下、劳动强度大的问题日益凸显。正是在这样的背景下，收获自动化技术应运而生。

目前，收获自动化技术已经取得了显著的进展。针对设施蔬菜的特点，研发出了各种适用的自动化设备，如自动收割机、蔬菜采摘机器人等。这些设备不仅能够在短时间内完成大面积的收割任务，而且通过精准的操控系统，还能够有效地减少收获过程中的损失，提高蔬菜的完整性。

然而，收获自动化技术的发展并未止步。随着智能感知、机器视觉等技术的进一步突破，未来的收获自动化技术将更加智能化、精准化。可以预见，未来的收获机器人将能够像农民一样，通过"看"和"感"来识别蔬菜的成熟程度，然后精准地将其采摘下来。这样的技术，不仅将进一步提高收获的效率，而且还将极大地提升蔬菜的品质。

二、包装自动化技术在设施蔬菜中的应用

包装作为设施蔬菜流通的"门面"，其重要性不言而喻。传统的包装方式，

往往依赖于人工进行称重、分拣和包装，不仅效率低下，而且成本高昂。然而，包装自动化技术的应用，正在逐步改变这一现状。

在设施蔬菜生产中，包装自动化技术主要包括自动称重、自动分拣、自动包装等环节。通过自动化设备，蔬菜可以快速地完成称重、分拣和包装等流程，不仅提高了包装的效率，而且还保证了包装的质量和准确性。例如，自动称重设备可以在短时间内准确地称出蔬菜的重量，避免了人工称重可能存在的误差；自动分拣设备则可以根据蔬菜的大小、形状等特性进行快速分拣，提高了分拣的准确性和效率；而自动包装设备则可以根据蔬菜的特性进行个性化包装，不仅提高了包装的美观度，而且还能够有效地保护蔬菜在流通过程中的品质。

三、收获与包装自动化技术的集成与优化

将收获自动化技术与包装自动化技术集成，是设施蔬菜生产自动化的一大创举。这种集成技术，能够实现蔬菜从收获到包装的全程自动化，极大地提高了设施蔬菜生产的效率和质量。

在实际应用中，这种集成技术首先通过收获自动化技术将蔬菜从设施中收获上来，其次通过传输系统将其送至包装环节。在包装环节，自动化设备会根据蔬菜的种类、大小、形状等特性进行个性化处理。例如，对于易损的叶菜类蔬菜，包装设备会选择柔软的包装材料进行包装，并在包装过程中进行缓震处理，以避免蔬菜在流通过程中受到损伤。

同时，这种集成技术还通过优化算法和智能控制策略，进一步提高了收获和包装的效率和质量。例如，通过智能控制策略，收获机器人可以根据蔬菜的生长情况和成熟程度进行精准收获，避免了因过早或过晚收获而导致的产量下降或品质降低；而包装设备则可以根据蔬菜的特性和市场需求进行个性化包装，提高了蔬菜的市场竞争力。

在实际应用中，这种集成技术已经取得了显著的效果。以某大型设施蔬菜生产基地为例，该基地引入了收获与包装自动化集成技术后，不仅显著提高了收获和包装的效率，而且还极大地降低了生产成本。同时，由于自动化技术的应用，基地的蔬菜品质也得到了显著提升，市场竞争力进一步增强。

　　此外，收获与包装自动化技术的集成与优化还为设施蔬菜产业的可持续发展提供了有力支撑。通过自动化技术的应用，设施蔬菜生产对人力的依赖程度大大降低，不仅缓解了农村劳动力短缺的问题，而且还为农民提供了更加轻松、高效的农业生产方式。同时，自动化技术的应用还有助于推动设施蔬菜生产的标准化、规模化发展，为设施蔬菜产业的现代化转型提供了有力支持。

　　收获与包装自动化技术是设施蔬菜生产自动化的重要组成部分。通过不断的技术创新和应用推广，我们有理由相信，在未来的设施蔬菜生产中，收获与包装自动化技术将发挥更加重要的作用，为设施蔬菜生产的高效、可持续发展提供有力保障。

第十章　智能温室管理案例

一、智能温室的结构与功能特点

智能温室作为智慧农业的重要组成部分，其独特的结构和功能特点为农业生产带来了革命性的变化。智能温室的结构通常包括温室主体、环境控制系统、灌溉施肥系统、光照控制系统等关键部分，每个部分都发挥着不可或缺的作用。

温室主体是智能温室的基础，它采用先进的材料和结构设计，以确保温室内部的稳定性和适宜性。环境控制系统则负责调控温室内的温度、湿度、光照等环境因素，通过智能化系统实现精准控制，为作物生长提供最佳的环境条件。灌溉施肥系统能够根据作物的需求和生长阶段，精准地提供适量的水分和养分，确保作物健康生长。而光照控制系统则能够模拟自然光照，为作物提供充足的光照时间，促进其光合作用和生长发育。

智能温室的功能特点主要体现在以下几个方面。

1. 环境可控

智能温室通过智能化系统对温室内的温度、湿度、光照等环境因素进行精准调控，确保作物在最佳的环境条件下生长。这种环境可控性不仅提高了作物的生长速度和品质，还减少了病虫害的发生，降低了农药的使用量。

2. 高效生产

智能温室能够实现作物的周年连续生产，不受季节和气候的限制。通过精准的环境控制和灌溉施肥管理，作物的生长周期得到缩短，产量和品质显著提高。这使得智能温室成为高效农业生产的重要手段。

3. 资源节约

智能温室通过精准管理减少水肥等资源的浪费，降低了生产成本。灌溉施肥系统能够根据作物的实际需求进行精准供给，避免了过量灌溉和施肥造成的资源浪费和环境污染。同时，智能温室还能够充分利用太阳能等可再生能源，降低能耗，实现可持续发展。

二、智能温室管理系统的组成与工作原理

智能温室管理系统是智能温室的核心，它由传感器网络、控制器、执行机构以及云平台等组成，各部分相互协作，实现温室环境的智能化管理。

传感器网络是智能温室管理系统的感知层，它实时采集温室内的环境参数和作物生长信息，如温度、湿度、光照强度、土壤水分等。这些数据通过无线或有线方式上传至云平台进行处理和分析。传感器网络的高精度和实时性为智能温室管理提供了可靠的数据支持。

控制器是智能温室管理系统的决策层，它根据云平台的指令和预设的控制策略，控制执行机构进行灌溉、施肥、调温等操作。控制器能够根据实时数据和环境变化进行智能决策，确保温室环境始终保持在最佳状态。

执行机构是智能温室管理系统的执行层，它负责执行控制器的指令，完成灌溉、施肥、调温等具体操作。执行机构的高效性和精准性保证了智能温室管理系统的有效运行。

云平台是智能温室管理系统的数据处理和管理中心，它负责接收传感器网络上传的数据，进行处理和分析，生成可视化的管理报告和预警信息。云平台还能够实现远程监控和数据管理，为农业生产提供决策支持。通过云平台，用户可以随时随地查看温室环境数据和作物生长情况，进行远程管理和控制。

智能温室管理系统的工作原理可以概括为：传感器网络实时采集温室内的环境参数和作物生长信息，将数据上传至云平台进行处理和分析；控制器根据云平台的指令和预设的控制策略，控制执行机构进行灌溉、施肥、调温等操作；云平台实现远程监控和数据管理，为农业生产提供决策支持。这一工作原理确保了智能温室环境的精准控制和高效管理。

三、智能温室管理案例的实施效果与经验总结

某智能温室项目实施后，取得了显著的实施效果。温室内的作物生长环境得到了显著改善，温度、湿度、光照等环境因素都得到了精准调控，为作物提供了最佳的生长条件。这使得作物的生长速度加快，产量和品质均有所提高。同时，通过精准管理减少了水肥等资源的浪费，降低了生产成本，提高了农业生产的效益。

在具体实施过程中，该项目也积累了一些宝贵的经验。首先，要注重系统的集成与优化。智能温室管理系统是一个复杂的系统，包括传感器网络、控制器、执行机构以及云平台等多个组成部分。要确保这些组成部分能够协同工作，实现温室环境的精准控制和高效管理，就需要对系统进行集成与优化。这包括硬件设备的选型与配置、软件系统的开发与调试、控制策略的制定与优化等方面。通过系统集成与优化，可以确保智能温室管理系统的高效运行和稳定性。

其次，要加强数据的收集与分析。智能温室管理系统依赖于大量的数据来进行决策和管理。因此，要加强数据的收集和分析工作，确保数据的准确性和实时性。这包括传感器的布置与校准、数据的传输与存储、数据的处理与分析等方面。通过加强数据的收集与分析，可以为农业生产提供科学依据，指导农民进行精准的灌溉、施肥和病虫害防治等操作。

最后，要注重技术的培训与推广。智能温室管理技术的应用需要一定的专业知识和技能。因此，要注重对农民的技术培训，提高他们的专业素养和应用能力。同时，也要加强技术的推广工作，让更多的农民了解和接受智能温室管理技术，推动智慧农业的发展。通过技术培训与推广，可以提高农民对智慧农业的接受度和应用能力，促进农业生产的现代化和智能化。

智能温室管理案例的实施效果显著，为农业生产带来了革命性的变化。在实施过程中，要注重系统的集成与优化、加强数据的收集与分析、注重技术的培训与推广等方面的工作。这些经验可以为其他智慧农业项目的实施提供有益的参考和借鉴。

第十一章　高效栽培模式创新

第一节　立体农业及其在设施中的应用

一、立体农业的定义与特点

立体农业作为一种创新的现代农业模式，其核心在于充分利用空间资源，实现农作物多层次、多元化的种植。这一模式打破了传统农业单一作物、单一层次的种植方式，通过精心的空间布局和作物搭配，旨在提高单位面积的产量和效益，为农业生产带来革命性的变革。

立体农业的特点主要体现在以下几个方面。

1. 空间利用高效

立体农业通过多层次种植，实现了土地资源的最大化利用。在有限的土地面积上，通过不同高度、不同层次的种植，使得每一寸土地都能得到充分的利用，从而大大提高了土地的产出率。

2. 作物搭配合理

立体农业注重根据不同作物的生长习性和需求进行搭配，实现资源互补。例如，将高秆作物与矮秆作物、喜阳作物与耐阴作物进行搭配种植，可以充分利用光能、水分和养分等资源，使得作物之间形成良性的互补关系，提高整体的生产效益。

3. 生态效益显著

立体农业有助于改善农田生态环境，提高生物多样性。通过多层次、多元化的种植方式，立体农业为农田生态系统提供了更加丰富的生态位，使得更多的生物能够在其中生存和繁衍，从而提高了农田的生物多样性。同时，立体农业还能够减少化肥和农药的使用量，降低对环境的污染，保护农田生态系统的健康。

二、立体农业在设施中的应用模式

立体农业在设施中的应用模式多种多样，主要包括以下几种。

1. 温室立体种植

利用温室的空间优势，进行多层次、多元化的作物种植。温室为作物提供了一个相对稳定的生长环境，使得作物能够在不同的季节和气候条件下进行生长。在温室中进行立体种植，可以充分利用温室的空间资源，实现作物的高效生产。

2. 设施养殖与种植结合

通过设施养殖提供有机肥料，促进种植作物的生长，实现种养结合。设施养殖可以为种植作物提供大量的有机肥料，这些肥料不仅可以为作物提供养分，还可以改善土壤结构，提高土壤的肥力。同时，种植作物也可以为养殖动物提供遮阴和栖息的环境，实现种养之间的良性循环。

3. 设施农业与加工业结合

通过设施农业提供原材料，加工业进行深加工，实现产业链的延伸和增值。设施农业可以生产出高质量的农产品，这些产品可以作为加工业的原材料，进一步加工成各种食品、饮料、保健品等。通过设施农业与加工业的结合，可以实现农产品的增值和产业链的延伸，提高农业的整体效益。

三、立体农业应用的优势与挑战

立体农业应用的优势主要体现在以下几个方面。

1. 提高土地利用率和产出率

立体农业通过多层次、多元化的种植方式，充分利用了土地资源，提高了土地的利用率和产出率。这使得农民能够在有限的土地上获得更多的农产品，从而增加收入。

2. 改善农田生态环境

立体农业注重生态效益，通过减少化肥和农药的使用量、增加生物多样性等方式，改善了农田生态环境。这不仅有利于农作物的生长和发育，还有利于保护农田生态系统的健康和稳定。

3. 促进农业可持续发展

立体农业是一种可持续的农业发展模式，它注重资源节约和环境保护。通过立体农业的应用，可以实现农业生产的良性循环，促进农业的可持续发展。

然而，立体农业的应用也面临一些挑战。首先，立体农业需要较高的技术水平和管理能力，农民需要掌握相关的种植技术和管理知识，才能确保立体农业的成功实施。其次，立体农业需要较大的资金投入，用于建设温室、购买设备、引进新品种等。这对于一些资金实力较弱的农民来说可能是一个难题。最后，立体农业的管理相对复杂，需要农民投入更多的时间和精力进行管理和维护。

为了克服这些挑战，推广立体农业需要采取切实可行的实施方案。首先，政府可以加大对立体农业的扶持力度，提供资金和技术支持，鼓励农民尝试和应用立体农业。其次，可以加强农民的技术培训和管理指导，提高他们的专业素养和应用能力。同时，还可以积极引进和推广先进的立体农业技术和设备，降低农民的投资成本和提高生产效率。最后，可以加强立体农业的示范和推广工作，让更多的农民了解和接受立体农业这一创新的农业发展模式。

立体农业作为一种创新的现代农业模式，在设施中具有广泛的应用前景和优势。通过充分利用空间资源、实现农作物多层次、多元化的种植方式，立体农业可以提高土地利用率和产出率、改善农田生态环境、促进农业可持续发展。然而，在推广和应用立体农业时也需要充分考虑其面临的挑战和困难，并制定切实可行的实施方案来加以克服和解决。相信在政府、科研机构和社会各界的共同努力下，立体农业将为我国农业生产的现代化和可持续发展做出更大的贡献。

第二节　循环农业与生态农业模式

循环农业和生态农业作为现代农业的两大重要模式，都深深植根于生态学原理之中。它们不仅代表了农业生产方式的创新，更体现了人类对自然环境的尊重与保护。

一、循环农业与生态农业的定义与原理

循环农业，顾名思义，是一种强调农业生产过程中物质循环和能量流动的农业模式。它主张在农业生产中合理利用农业资源，通过模拟自然生态系统的物质循环和能量流动方式，实现农业生产的高效、可持续。循环农业的核心在于"循环"，即农业生产中的废弃物能够得到有效的资源化利用，从而形成一个闭环的、自给自足的农业生产系统。

而生态农业则更注重农业生产与生态环境的协调发展。它主张在农业生产中运用生态调控和技术创新，减少农业生产对环境的负面影响，实现农业生产的生态化、无害化。生态农业的核心在于"生态"，即农业生产要遵循生态学原理，保护生物多样性，维护农田生态系统的健康和稳定。

循环农业与生态农业的原理都源于生态学。它们都认为，农业生产是一个开放的系统，与自然环境紧密相连。因此，农业生产必须遵循自然规律，合理利用自然资源，保护生态环境。同时，它们也都强调农业生产中的物质循环和能量流动，主张通过技术创新和管理创新，实现农业生产的高效、可持续。

二、循环农业与生态农业在设施蔬菜中的应用

设施蔬菜作为现代农业的重要组成部分，其生产方式正逐渐向着循环农业与生态农业的方向发展。循环农业与生态农业在设施蔬菜中的应用主要体现在以下几个方面。

1. 废弃物资源化利用

在设施蔬菜生产中，会产生大量的废弃物，如蔬菜残叶、根系、病虫害残体等。这些废弃物如果得不到有效的处理，不仅会造成环境污染，还会浪费大量的农业资源。而循环农业与生态农业则主张将这些废弃物转化为有机肥料或生物质能源，实现废弃物的资源化利用。例如，可以将蔬菜废弃物进行堆肥处理，制成有机肥料，用于设施蔬菜的施肥；或者将废弃物进行厌氧发酵处理，制成生物质能源，用于设施蔬菜的加热和照明。

2. 节水灌溉技术

设施蔬菜生产中的灌溉是一个重要的环节。传统的灌溉方式往往会造成大量的水资源浪费。而循环农业与生态农业则主张采用节水灌溉技术，如滴灌、渗灌等，减少水资源浪费。这些节水灌溉技术可以根据蔬菜的生长需求和土壤的水分状况进行精确的灌溉，避免水资源的浪费和土壤的盐碱化。

3. 病虫害生态防控

设施蔬菜生产中的病虫害防控是一个重要的挑战。传统的化学农药虽然可以有效地控制病虫害，但也会对环境和人体健康造成负面影响。而循环农业与生态农业则主张采用生态防控技术，如生物防治、物理防治等，减少化学农药的使用。例如，可以利用天敌昆虫控制蔬菜的害虫；或者利用黄板、蓝板等物理方法诱杀害虫。

三、循环农业与生态农业模式的效益分析

循环农业与生态农业模式的效益主要体现在以下几个方面。

1. 经济效益显著

循环农业与生态农业模式通过提高资源利用率和减少生产成本，可以显著增加农民收入。一方面，废弃物资源化利用和节水灌溉技术可以降低农业生产成本，提高农业生产效益；另一方面，生态防控技术可以减少化学农药的使用，降低农药残留和农产品质量安全风险，提高农产品的市场竞争力。

2. 生态效益突出

循环农业与生态农业模式有助于改善农田生态环境，提高生物多样性。通过废弃物资源化利用和节水灌溉技术，可以减少农业生产对环境的污染和破坏；通过生态防控技术，可以减少化学农药对生态环境的影响，保护生物多样性。这些措施都有助于维护农田生态系统的健康和稳定，促进农业生产的可持续发展。

3. 社会效益明显

循环农业与生态农业模式有助于推动农业可持续发展，实现资源节约和环境保护。一方面，这些模式可以提高农业生产的效益和竞争力，促进农业产业的升级和发展；另一方面，这些模式也可以减少农业生产对环境的负面影响，保护生

态环境和人体健康。这些都有助于实现社会、经济和环境的协调发展。

　　循环农业与生态农业模式具有广阔的发展前景和应用价值。它们不仅代表了农业生产方式的创新和发展方向，更体现了人类对自然环境的尊重和保护。在未来的农业生产中，我们应该积极推广和应用这些模式，推动农业生产的可持续发展和生态环境的保护。同时，政府和社会各界也应该加大对循环农业与生态农业模式的支持和投入，为这些模式的推广和应用提供有力的保障和支持。相信在不久的将来，循环农业与生态农业模式将成为我国农业生产的主流模式之一，为我国的农业生产和生态环境保护做出更大的贡献。

第三节　水培与其他无土栽培技术

　　随着现代农业技术的不断发展，无土栽培技术作为一种新型的农业生产方式，正逐渐受到广泛的关注和应用。其中，水培技术作为无土栽培技术的代表，以其独特的原理和显著的特点，在设施蔬菜生产中发挥着重要的作用。同时，除水培技术外，还有其他多种无土栽培技术也在不断发展和完善，为农业生产提供了更多的选择和可能性。本节将深入探讨水培技术的原理与特点，介绍其他无土栽培技术，并分析无土栽培技术在设施蔬菜中的优势与前景。

一、水培技术的原理与特点

　　水培技术，顾名思义，是一种利用营养液代替土壤来提供作物生长所需水分和养分的无土栽培技术。其核心原理在于，通过科学配制营养液，为作物提供一个包含所有必需营养元素的生长环境，从而满足作物的生长需求。

　　水培技术的特点主要体现在以下几个方面。

1. 作物生长速度快

　　由于营养液直接提供作物所需的所有养分，且养分供应更为均衡和充足，因此作物在水培环境中的生长速度通常快于土壤栽培。这一特点使得水培技术能够在较短时间内生产出更多的蔬菜，提高生产效率。

在水培技术中，营养液中的养分可以根据作物的具体需求进行精确调配。这意味着养分的供应更加精准，减少了养分的浪费，提高了养分的利用率。相比传统的土壤栽培，水培技术能够更有效地利用养分资源。

2. 环境清洁

无土栽培减少了土壤病虫害的传播途径，因为土壤中的许多病虫害需要通过土壤作为媒介进行传播。在水培环境中，由于没有土壤，这些病虫害的传播途径被有效切断，从而有利于保持生产环境的清洁和卫生。

二、其他无土栽培技术的介绍与应用

除水培技术外，还有其他多种无土栽培技术也在现代农业中发挥着重要作用。这些技术各有特点，可以根据不同的作物和生产需求进行选择和应用。

1. 基质栽培

基质栽培是利用有机或无机基质代替土壤进行作物栽培的技术。这些基质通常具有良好的透气性、保水性和保肥性，能够为作物提供一个良好的生长环境。基质栽培适用于多种作物，特别是那些对土壤环境要求较高的作物。通过科学选择和管理基质，可以实现作物的优质高产。

2. 气雾栽培

气雾栽培是一种将营养液以气雾形式直接喷到作物根系上进行栽培的技术。这种技术能够为作物根系提供充足的氧气和养分，促进根系的生长和发育。同时，由于营养液以气雾形式存在，作物的根系能够更加充分地吸收养分和水分，提高养分的利用率。气雾栽培适用于一些需要高氧气环境的作物，如叶菜类蔬菜等。

除基质栽培和气雾栽培外，还有其他一些无土栽培技术也在不断发展和完善，如岩棉栽培、沙培等。这些技术各有特点，可以根据具体的生产需求和作物特性进行选择和应用。

三、无土栽培技术在设施蔬菜中的优势与前景

无土栽培技术在设施蔬菜中具有显著的优势和广阔的前景。

1. 优势分析

（1）提高作物产量和品质

由于营养液能够精确提供作物所需的所有养分，且养分供应更为均衡和充足，因此作物在无土栽培环境中的生长更加健壮、产量更高、品质更好。这一优势使得无土栽培技术能够在满足市场需求的同时，提高农业生产的经济效益。

（2）减少病虫害发生

无土栽培减少了土壤病虫害的传播途径，因为许多病虫害需要通过土壤作为媒介进行传播。在无土栽培环境中，由于没有土壤，这些病虫害的传播途径被有效切断，从而降低了病虫害的发生率。这一优势使得无土栽培技术能够更加有效地保障农业生产的安全和稳定。

（3）节约水资源和肥料

无土栽培可以实现对养分和水分的精确管理，因为营养液中的养分和水分可以根据作物的具体需求进行精确调配和供应。这意味着无土栽培技术能够更有效地利用水资源和肥料资源，减少浪费和污染。这一优势使得无土栽培技术更加符合现代农业的可持续发展要求。

2. 前景展望

随着现代农业技术的不断发展和市场需求的不断增长，无土栽培技术在设施蔬菜中的应用前景十分广阔。

（1）技术创新与升级

随着科技的不断进步和创新，无土栽培技术也将不断得到升级和完善。未来，无土栽培技术将更加智能化、自动化和精准化，能够更好地满足不同作物和不同生产环境的需求。同时，新型无土栽培技术的研发也将不断推动农业生产的创新和发展。

（2）市场需求增长

随着人们生活水平的不断提高和健康意识的不断增强，对高品质、无污染的蔬菜产品的需求也在不断增长。而无土栽培技术正是生产高品质、无污染蔬菜的有效手段之一。因此，未来无土栽培技术在设施蔬菜中的应用将不断扩大，市场需求也将不断增长。

（3）政策支持与推广

为了推动现代农业的发展和促进农业生产的可持续发展，政府将不断加大对无土栽培技术的支持和推广力度。未来，政府将出台更多的优惠政策和扶持措施，鼓励农民和农业企业采用无土栽培技术进行生产。同时，政府还将加强对无土栽培技术的宣传和培训力度，提高农民和农业企业对无土栽培技术的认识和应用能力。

无土栽培技术在设施蔬菜中具有显著的优势和广阔的前景。未来，随着无土栽培技术的不断创新和升级、市场需求的不断增长以及政府政策的支持和推广力度的不断加大，无土栽培技术将在设施蔬菜中发挥更加重要的作用，为农业生产带来更多的机遇和挑战。

第十二章　栽培管理优化策略

第一节　作物生长模型与模拟

作物生长模型作为现代农业研究的重要工具，为理解作物生长、发育和产量形成过程提供了有力的数学和计算机模拟手段。本节将深入探讨作物生长模型的分类与原理，以及其在栽培管理中的应用和未来发展前景。

一、作物生长模型的分类与原理

作物生长模型是描述作物生长、发育和产量形成过程的数学或计算机模拟工具，它们在农业科学研究和农业生产管理中发挥着重要作用。根据不同的分类标准，作物生长模型可以分为多种类型，其中最常见的分类是基于模型的构建原理和方法，即机理模型与经验模型，以及基于模型描述的时间维度，即静态模型与动态模型。

1. 机理模型与经验模型

机理模型是基于作物生理生态过程的深入理解而构建的。这类模型通过模拟作物的光合作用、呼吸作用、物质分配等生理过程，来预测作物的生长和发育。机理模型的优点在于它们能够反映作物的内在生理机制，因此具有较高的预测能力和适用性。然而，机理模型的构建需要深入的生理生态知识和大量的实验数据支持，因此其研发和应用难度较大。

经验模型则主要基于大量田间试验数据，通过统计分析建立作物生长与环境因子之间的经验关系。这类模型相对简单，易于构建和应用，因此在实际生产中得到了广泛应用。然而，经验模型的预测能力受限于其所依据的试验数据和环境条件，当环境条件发生变化时，其预测结果可能产生较大偏差。

2. 静态模型与动态模型

静态模型主要描述作物在某一特定时间点的生长状态，如作物的株高、叶面积、生物量等。这类模型通常用于对作物生长状态的快速评估和诊断。然而，静态模型无法描述作物随时间变化的生长过程，因此在预测作物生长趋势和产量形成方面存在局限性。

动态模型则能够模拟作物随时间变化的生长过程，包括作物的生长速度、生长阶段、产量形成等。这类模型通过引入时间变量，能够更准确地描述作物的生长和发育过程，因此在实际应用中具有更高的价值。动态模型的构建需要复杂的数学模型和计算机模拟技术支持，因此其研发和应用难度较大。

二、作物生长模拟在栽培管理中的应用

作物生长模拟在栽培管理中具有广泛的应用价值。通过模拟不同栽培措施对作物生长的影响，可以帮助农民或农业管理者制定更加科学的栽培管理方案，提高作物的产量和品质。

1. 优化栽培措施

利用作物生长模型可以模拟不同灌溉量、施肥量、种植密度等栽培措施对作物生长的影响。通过对比分析不同栽培措施下的作物生长状态和产量形成过程，可以确定最优的栽培措施组合，为农民提供科学的栽培管理建议。

2. 预测作物生长周期和产量

作物生长模型还可以用于预测作物的生长周期和产量。通过输入作物的品种特性、环境条件、栽培措施等信息，模型可以模拟出作物的生长过程，并预测出作物的成熟期和产量。这有助于农民合理安排农事活动，制订科学的生产计划。

3. 估算作物品质

除了预测作物产量，作物生长模型还可以估算作物的品质。通过模拟作物生长过程中的光合作用、呼吸作用等生理过程，模型可以预测出作物的糖分、蛋白质、油脂等品质指标。这有助于农民根据市场需求调整栽培措施，生产出更符合市场需求的优质农产品。

4. 决策支持

作物生长模拟还可以为农业生产提供重要的决策支持。通过模拟不同环境条件和栽培措施下的作物生长状态，农民可以更加准确地了解作物的生长需求和适应性，从而制定出更加科学的生产管理方案。同时，作物生长模型还可以帮助农民预测自然灾害和病虫害对作物生长的影响，及时采取措施进行防治。

三、作物生长模型与模拟的未来发展

随着计算机技术和数学模型的不断发展，作物生长模型与模拟在未来将有更广阔的应用前景。

1. 提高精度和可靠性

随着对作物生理生态过程理解的深入和计算机技术的进步，作物生长模型的精度和可靠性将不断提高。未来，通过引入更多的生理生态机制和更精确的数学模型，可以构建出更加逼真、准确的作物生长模拟系统，为农业生产提供更加可靠的预测和决策支持。

2. 优化模型结构和算法

随着大数据和人工智能技术的发展，可以利用更加丰富的田间试验数据和机器学习算法来优化作物生长模型的结构和算法。通过引入深度学习、神经网络等先进技术，可以提高模型的预测能力和适用性，使其能够更好地适应不同的环境条件和作物品种。

3. 结合其他农业技术

作物生长模型还可以与其他农业技术相结合，如精准农业、智能农业等，为农业生产提供更加全面、精准的决策支持。例如，通过将作物生长模型与遥感技术、物联网技术相结合，可以实现对作物生长状态的实时监测和精准管理；通过将作物生长模型与智能农机具相结合，可以实现自动化、智能化的农业生产过程。

4. 推动农业可持续发展

作物生长模型与模拟的发展还将有助于推动农业的可持续发展。通过模拟不同栽培措施对作物生长和土壤环境的影响，可以制定出更加环保、高效的农业生产方案；通过预测自然灾害和病虫害对作物生长的影响，可以及时采取措施进行防治，减少农药和化肥的使用量，降低农业生产对环境的负面影响。

作物生长模型与模拟在栽培管理中具有广泛的应用价值和重要的未来发展前景。通过不断优化模型结构和算法、结合其他农业技术、推动农业可持续发展等方面的努力，我们可以期待作物生长模型与模拟在未来为农业生产带来更加显著的经济效益和社会效益。

第二节　精准管理与定时控制技术

在现代农业的发展进程中，精准管理与定时控制技术作为两项重要的创新技术，正在逐步改变传统的农业生产模式。

一、精准管理的定义与实施策略

精准管理，这一现代农业管理的核心理念，是基于信息技术和农业科学的深度融合而诞生的。它不仅是一种技术或方法，更是一种全新的管理理念，旨在通过精细、准确的管理手段，实现对作物生长环境和生长过程的全面优化。

1. 精准管理的核心要素

精准管理的核心在于"精准"二字，它要求农业生产者根据作物生长的实际需求和土壤条件等因素，进行量身定制的栽培管理。这包括了对作物生长环境的精确监测、对作物生长状态的实时评估，以及基于这些信息的科学决策。

实施精准管理的关键步骤包括以下四方面。

（1）数据收集与处理：实施精准管理的第一步是收集大量的田间数据，包括土壤养分含量、作物生长状况、气象条件等。这些数据需要通过传感器、遥感技术等手段进行实时采集，并经过专业的数据处理和分析，以提取出有价值的信息。

（2）模型建立与预测：在收集到足够的数据后，下一步是建立作物生长模型或预测模型。这些模型可以帮助农业生产者理解作物生长的规律，预测作物未来的生长状态，以及评估不同管理措施对作物生长的影响。

（3）决策制定与执行：基于模型和数据的分析结果，农业生产者可以制定出更加科学、合理的栽培管理方案。这些方案可能涉及灌溉、施肥、病虫害防治等多个方面，并且需要根据实际情况进行动态调整。

（4）效果评估与反馈：最后，需要对精准管理的实施效果进行评估。这包括对作物生长状态、产量、品质等多个方面的综合评估。同时，也需要收集农业生产者的反馈意见，以便对精准管理策略进行进一步的优化和完善。

2. 精准管理的优势与挑战

精准管理的优势在于它能够实现对作物生长环境的精确控制，提高农业生产效率和资源利用率。通过精准管理，农业生产者可以更加准确地满足作物的生长需求，避免资源的浪费和环境的污染。然而，精准管理也面临着一些挑战，如技术门槛高、投资成本大、数据安全和隐私保护等问题。因此，在推广和应用精准管理时，需要充分考虑这些因素，并制定相应的解决方案。

二、定时控制技术在栽培管理中的应用

定时控制技术是一种基于作物生长节律和外界环境条件进行定时调控的栽培管理技术。在设施蔬菜生产中，定时控制技术发挥着举足轻重的作用。

1. 定时灌溉技术

作物的生长离不开水分，但过量的灌溉或水分不足都会对作物的生长产生负面影响。定时灌溉技术可以根据作物的需水规律进行精准的灌溉控制。通过传感器监测土壤的湿度和作物的生长状态，定时灌溉系统可以在作物需要水分时自动进行灌溉，避免水分的浪费和作物的受旱。

2. 定时施肥技术

肥料是作物生长的重要营养来源，但过量的施肥不仅会造成资源的浪费，还可能对环境造成污染。定时施肥技术可以根据作物的养分需求进行精准的施肥控制。通过土壤养分传感器和作物生长模型的分析，定时施肥系统可以在作物需要养分时自动进行施肥，提高肥料的利用率并减少环境污染。

3．定时光照控制技术

光照是作物生长的重要因素之一，不同的作物对光照的需求也有所不同。定时光照控制技术可以根据作物的光周期特性进行定时补光或遮光。在光照不足的情况下，定时光照系统可以自动补光，保证作物的正常生长；在光照过强的情况下，定时光照系统可以进行遮光处理，避免作物受到光抑制的伤害。

4．定时控制技术的优势与局限

定时控制技术的优势在于它可以根据作物的生长节律和外界环境条件进行精准的调控，提高农业生产效率和资源利用率。同时，定时控制技术还可以减轻农业生产者的劳动强度和提高生产效率。然而，定时控制技术也存在一些局限，如设备投资成本较高、技术门槛较高、需要专业的维护和管理等。因此，在推广和应用定时控制技术时，需要充分考虑这些因素并制定相应的解决方案。

三、精准管理与定时控制技术的集成与优化

精准管理与定时控制技术是相辅相成的两种栽培管理技术。将这两种技术集成应用，可以实现对作物生长环境的全面精准控制，进一步提高农业生产效率和资源利用率。

1．集成应用的策略与方法

（1）数据共享与融合：精准管理和定时控制技术都需要大量的田间数据作为支撑。因此，实现这两种技术的集成应用首先需要实现数据的共享与融合。通过建立统一的数据平台和数据标准，可以实现精准管理和定时控制技术之间的数据互通和共享。

（2）模型耦合与协同：精准管理和定时控制技术都建立了相应的模型进行决策支持。为了实现这两种技术的集成应用，需要将这两个模型进行耦合和协同。通过模型的耦合和协同，可以实现对作物生长环境和生长过程的全面优化。

（3）设备联动与智能控制：精准管理和定时控制技术都需要相应的设备进行支持。为了实现这两种技术的集成应用，需要实现设备的联动和智能控制。通过设备的联动和智能控制，可以实现对作物生长环境的精准调控和自动化管理。

2. 集成应用的优势与挑战

集成应用精准管理和定时控制技术的优势在于它可以实现对作物生长环境的全面精准控制，提高农业生产效率和资源利用率。通过集成应用这两种技术，可以更加准确地满足作物的生长需求，避免资源的浪费和环境的污染。同时，还可以减轻农业生产者的劳动强度和提高生产效率。然而，集成应用这两种技术也面临着一些挑战，如技术门槛更高、投资成本更大、需要更加专业的维护和管理等。因此，在推广和应用这两种技术的集成应用时，需要充分考虑这些因素并制定相应的解决方案。

3. 优化策略与发展方向

为了进一步优化精准管理与定时控制技术的集成应用效果，可以从以下几个方面进行策略的制定和发展方向的探索。

（1）技术创新与升级

不断推动精准管理和定时控制技术的技术创新和升级，提高技术的精准度和稳定性。例如，研发更加精准的传感器和更加智能的控制算法，提高对作物生长环境和生长过程的监测和控制能力。

（2）模式创新与推广

探索适合不同地区和不同作物的精准管理与定时控制技术集成应用模式，并进行广泛的推广和应用。例如，针对设施蔬菜生产中的不同作物和生长阶段，制定相应的精准管理与定时控制技术集成应用方案，并进行示范和推广。

（3）人才培养与培训

加强精准管理和定时控制技术的人才培养和培训，提高农业生产者的技术水平和应用能力。例如，通过开展技术培训班、现场指导和网络教程等方式，帮助农业生产者掌握精准管理和定时控制技术的核心知识和技能。

（4）政策支持与引导

制定相关政策和措施，鼓励和支持精准管理和定时控制技术的研发和应用。例如，提供财政补贴、税收优惠等政策支持，降低农业生产者的投资成本和应用门槛；同时，加强对精准管理和定时控制技术的宣传和推广，提高社会对现代农业技术的认知度和接受度。

精准管理与定时控制技术是现代农业发展的重要方向之一。通过不断的技术创新、模式创新、人才培养和政策支持等方面的努力，可以进一步优化这两种技术的集成应用效果，推动现代农业的可持续发展。

第三节　能源效率优化与环境友好型技术

在设施蔬菜生产的广阔舞台上，能源效率优化与环境友好型技术正扮演着日益重要的角色。它们不仅关乎生产成本与经济效益，更与环境保护和可持续发展紧密相连。本节将深入探讨能源效率优化在设施蔬菜生产中的意义与实施策略，剖析环境友好型技术在栽培管理中的应用，并展望这两种技术的未来发展与趋势。

一、能源效率优化在设施蔬菜中的意义与实施策略

能源作为设施蔬菜生产的基石，其效率的优化对于整个生产体系的可持续发展具有深远的意义。

1. 能源效率优化的意义

在设施蔬菜生产中，能源主要用于温室加热、通风、光照等方面。提高能源效率意味着在保持或提高产量的同时，减少能源的消耗和浪费。这不仅有助于降低生产成本，增加农民的经济收益，还能显著减少对环境的压力，降低温室气体排放和其他污染物的产生。

2. 能源效率优化的实施策略

（1）优化设施结构

在设施蔬菜生产中，通过改进温室的设计和结构，提高其保温和隔热性能，减少能源的流失。例如，采用双层或多层玻璃、增设保温层、优化温室朝向和倾斜角度等措施，都可以有效减少能源消耗。

（2）采用节能设备

在设施蔬菜生产中，应优先选用能效高、运行稳定的节能设备。例如，LED

光源相比传统光源具有更高的光效和更低的能耗，是补光设备的理想选择。此外，节能型加热、通风和灌溉设备也能在降低能耗方面发挥重要作用。

（3）改进栽培管理措施

在设施蔬菜生产中，通过合理调控温室内的环境条件，如温度、湿度和光照等，可以减少能源的浪费。例如，根据作物的生长阶段和天气变化，灵活调整温室内的温度和光照强度，避免过度加热或照明造成的能源浪费。

（4）利用可再生能源

在设施蔬菜生产中，可以积极利用太阳能、风能等可再生能源，为温室提供清洁、可持续的能源供应。例如，安装太阳能光伏板或风力发电机，将可再生能源转化为电能，用于温室的加热、通风和照明等方面。

二、环境友好型技术在栽培管理中的应用

环境友好型技术以其对环境的低影响和资源的高效利用，正在成为设施蔬菜栽培管理的新宠。

1. 病虫害防控技术

（1）生物防治

利用天敌、生物制剂或生物农药来防治病虫害，减少化学农药的使用量。例如，引入害虫的天敌或寄生蜂等生物控制剂，可以有效控制害虫的种群数量，减少对作物的危害。

（2）物理防治

采用物理方法如黄板诱虫、防虫网、紫外线消毒等来防治病虫害。这些方法无须使用化学农药，对环境友好且效果显著。

2. 施肥技术

（1）有机肥料替代化肥

有机肥料富含多种营养元素和微生物，可以改善土壤结构，提高土壤肥力。通过有机肥料替代部分或全部化肥，可以减少化肥的使用量，降低对环境的污染。

（2）水肥一体化

将水肥按作物需求比例混合后供给作物，可以提高水肥利用率，减少浪费。这种技术不仅节约了水资源，还减少了化肥的流失和对环境的影响。

三、能源效率与环境友好型技术的未来发展与趋势

随着社会对环保和可持续发展的日益关注，能源效率与环境友好型技术在设施蔬菜栽培管理中的应用将展现出更加广阔的发展前景。

1. 技术创新与集成应用

（1）技术创新

不断推动能源效率与环境友好型技术的技术创新，研发更加高效、环保的新技术和新产品。例如，开发新型节能设备、优化生物防治技术、研发新型有机肥料等。

（2）集成应用

将不同的能源效率与环境友好型技术进行集成应用，形成综合的技术解决方案。例如，将节能设备与生物防治技术相结合，既降低能耗又减少化学农药的使用量。

2. 政策引导与市场推广

（1）政策引导

政府应制定相关政策，鼓励农民和农业企业采用能源效率与环境友好型技术。例如，提供财政补贴、税收优惠等激励措施，降低农民和企业的投资成本。

（2）市场推广

加大市场推广力度，提高农民和农业企业对能源效率与环境友好型技术的认知度和接受度。例如，通过举办培训班、现场示范、技术交流会等方式，推广这些技术的实际应用效果和经验。

3. 公众意识提升与参与

（1）提升公众意识

通过宣传教育、媒体传播等方式，提高公众对环保和可持续发展的认识。让更多人了解能源效率与环境友好型技术的重要性，形成全社会共同关注和支持的良好氛围。

（2）鼓励公众参与

鼓励公众积极参与到推广和应用能源效率与环境友好型技术的行列中来。例如，参与倡导绿色消费、支持环保农产品、参与志愿服务等活动，共同推动设施蔬菜生产的可持续发展。

能源效率优化与环境友好型技术在设施蔬菜栽培管理中具有重要的意义和广阔的应用前景。通过不断的技术创新、政策引导、市场推广和公众意识的提升与参与，这两种技术将在降低生产成本、减少环境污染、提高农产品品质和安全性等方面发挥更加显著的作用。同时，它们也将为设施蔬菜生产的可持续发展注入新的活力和动力。